可愛療癒的
貓咪刺繡300款
14種基本技法step by step教學，
喵星人隨手也能繡
300 Funny Cat Embroidery
楊孟欣、林倩誼、施樺珺、郭芊伶◎著

編輯室報告

送給喜愛刺繡和貓咪的你！

刺繡是用不同技法搭配各色繡線，呈現出不同風格的作品，很受手作族的喜愛，也是最適合手作新手入門的技藝之一。本書以許多人喜愛的「貓」為主角，集合 4 位刺繡達人，設計 300 款貓咪繡圖，包括：童話風、辛勤工作、熱愛瑜伽、喜歡運動、愛旅遊的喵星人，以及化身為十二星座、英文字母和數字的貓咪等等，細細觀看牠們的表情和動作，獨特的風貌，讓人陶醉在貓咪的世界中。

本書的主要作者，是出版過多本手作、縫紉書籍的手作達人楊孟欣（Sophia Rose），她在本書分享了「童話風、日常生活、獨特表情姿勢，以及活用在圖案花邊、祝福文字」等多個主題的作品。另外，還有精通刺繡、插畫或拼布，才華洋溢的作者群，像是設計了「熱愛休閒、交通工具、運動會、英文字母」等主題的林倩誼；分享「可愛瀏海、經典速寫、雜貨風」等主題的施樺珺；提供「瑜伽動作、海外旅遊、喵星人表情包」等主題的郭芊伶（等等來手作），這 300 款繡圖，都是她們精心設計與製作的圖案。

除了 300 款貓咪繡圖，書中還收錄了 14 種基本刺繡技法，以及貼布繡、圖案轉印、繡線收納等教學，非常適合第一次學習刺繡的讀者。書中多樣的設計繡圖，從簡單的輪廓線條到繁複的圖案填色，無論是新手或已有程度的刺繡愛好者，相信都能獲得滿足。

作品製作

原尺寸繡圖

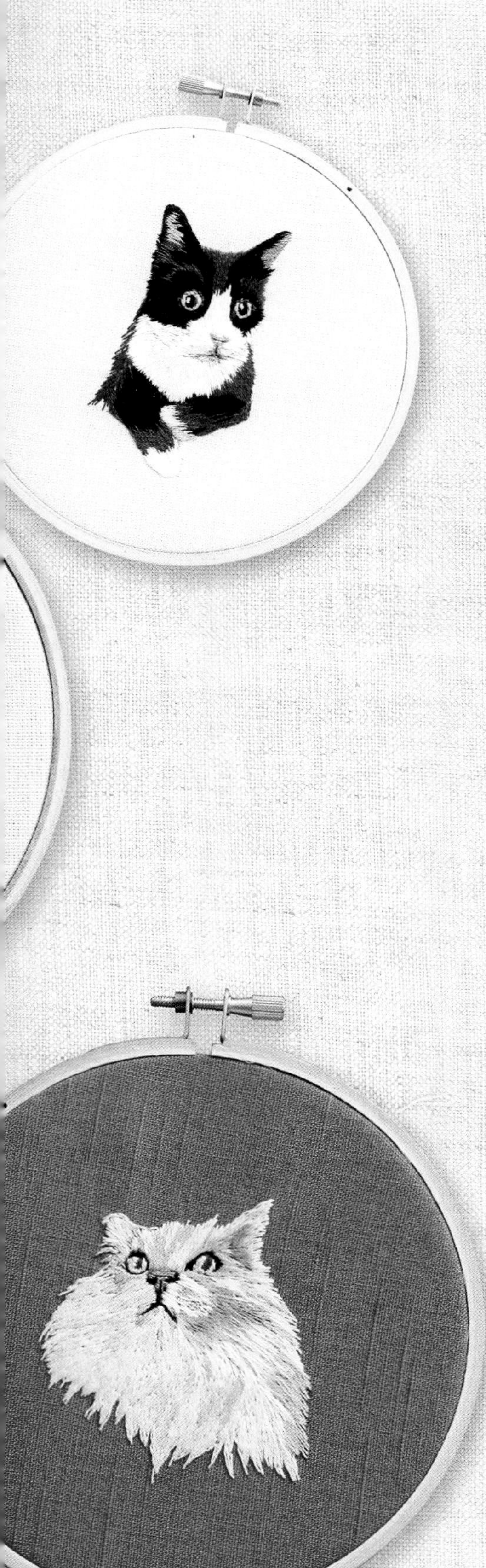

開始刺繡之前的 5 個注意事項

看到這麼多可愛的喵星人圖案，大家是否躍躍欲試呢？如果你已經很有經驗，建議直接翻到繡圖操作；如果你還是初學者的話，建議先閱讀以下 5 個注意事項。

1. 新手欲購買相關材料之前，可先參照 p.50 認識工具和繡線，瞭解各項工具的用途，再依需求購買。本書的作品，皆使用 DMC 繡線。

2. 剛開始學習刺繡的新手，建議先參照 p.60 基本技巧與收納繡線，學會抽線、分股、穿針、打結、收尾和收納繡線等基本技巧，以及瞭解 25 號繡線粗細的對照、繡框內徑包布方法。

3. 本書中運用到 14 種基本刺繡技法，可參照 p.52 ～ p.57，按照片與文字學習並熟練。此外，如果你想繡好任何書中所附的繡圖（包含本書），p.58 貼布繡與圖案轉印的方法一定要學會。

4. 書中所附的繡圖皆為原尺寸，大家可參照 p.58 貼布繡與圖案轉印的方法操作。

5. 為了讓大家更易看懂每個圖案的做法，作者群將本書中用到的技法名稱，分別與數字對應，例如：③（2）535，代表「直線繡、平針縫」＋「2 股線」＋「535 色號」。

中文名稱	英文名稱	編號
法式結粒繡	French Knot	①
輪廓繡	Outline Stitch	②
直線繡、平針縫	Straight Stitch	③
緞面繡	Satin Stitch	④
回針縫	Backstitch	⑤
雛菊繡	Lazy Daisy Stitch	⑥
鎖鏈繡	Chain Stitch	⑦
長短針繡	Long and Short Stitches	⑧
貼布繡	Applique Embroidery	⑨
飛鳥繡	Fly Stitch	⑩
編織繡	Weaving Stitch	⑪
蛛網玫瑰繡	Spider Web Rose Stitch	⑫
劈針繡	Split Stitch	⑬
十字繡	Cross Stitch	⑭

目錄 Contents

PART3 製作與繡圖版型

PART1
貓咪圖案刺繡
Cats Embroidery

多位作者精心製作 300 款貓咪圖案，從簡單的線條，到進階技法；從可愛日式雜貨風，到手繪寫實風，讓每個人都能找到喜愛的貓咪圖案。

浪漫風貓咪剪影

製作&繡圖 p.66、p.67
設計&刺繡 施佩君&施樺珺

PART1
貓咪圖案刺繡
Cats Embroidery

多位作者精心製作 300 款貓咪圖案，從簡單的線條，到進階技法；從可愛日式雜貨風，到手繪寫實風，讓每個人都能找到喜愛的貓咪圖案。

浪漫風貓咪剪影

製作&繡圖 p.66、p.67
設計&刺繡 施佩君&施樺珺

可愛瀏海喵星人

製作＆繡圖 p.68～p.71
設計＆刺繡 施佩君＆施樺珺

經典速寫喵星人

製作＆繡圖 p.72、p.73
設計＆刺繡 施佩君＆施樺珺

高貴優雅氣質貓

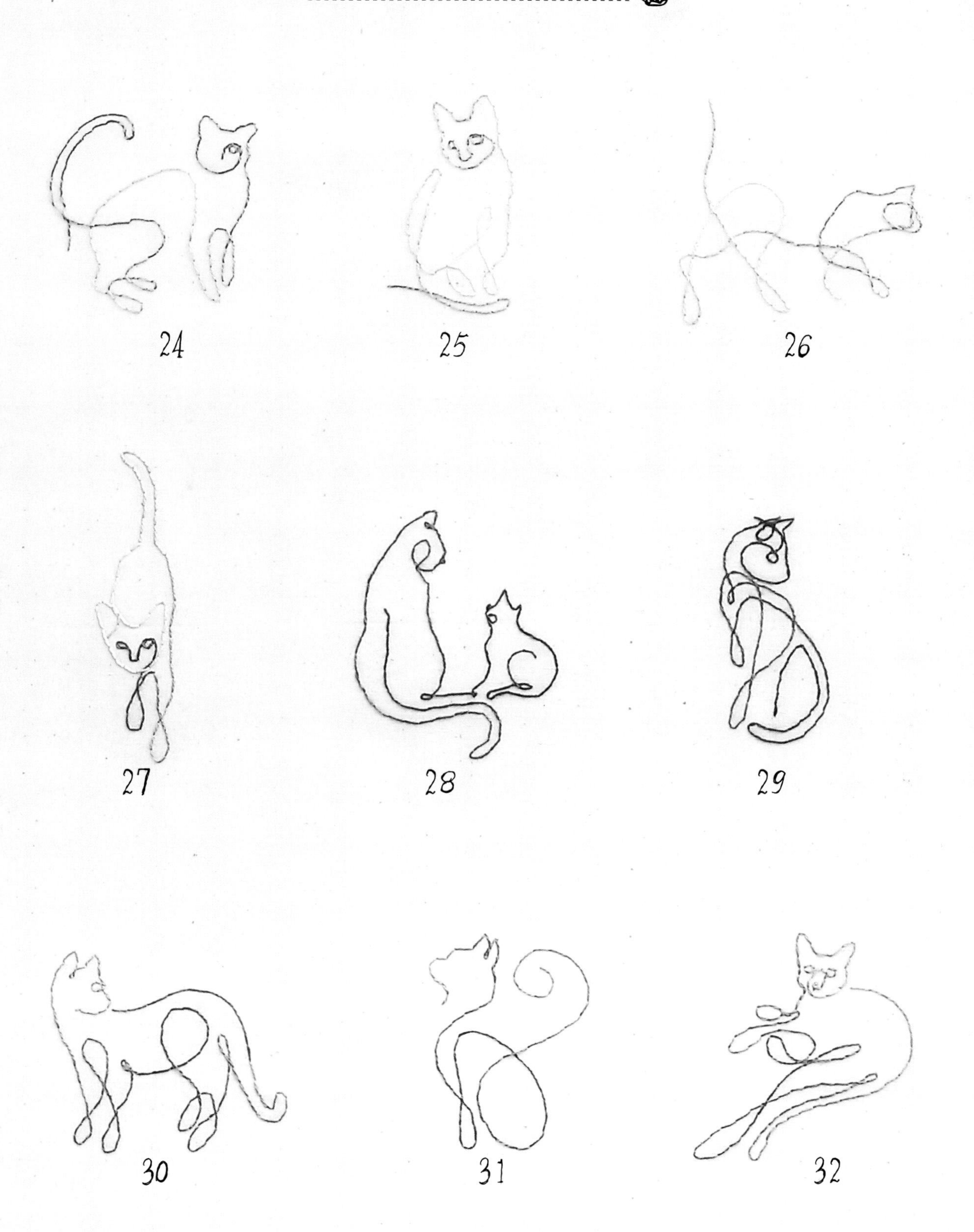

製作&繡圖 p.74～77
設計&刺繡 施佩君&施樺珺

貓咪日常生活剪影

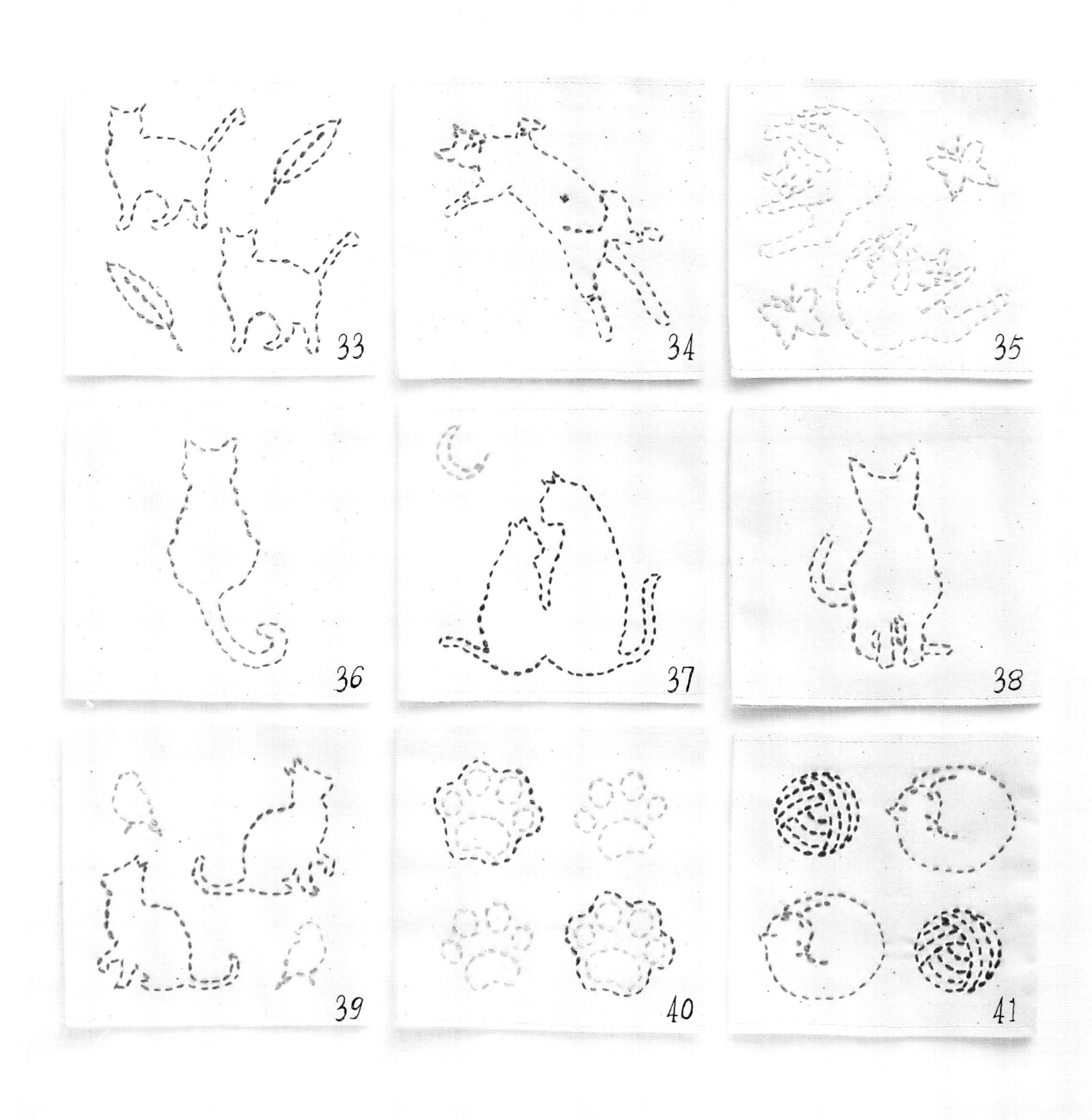

製作＆繡圖 p.76～79
設計＆刺繡 施佩君＆施樺珺

貓咪同班同學

42 43 44

45 46 47

48 49 50

製作&繡圖 p.80、p.81

設計&刺繡 施佩君&施樺珺

可愛笑臉喵星人

製作&繡圖 p.82、p.83
設計&刺繡 楊孟欣

調皮可愛小萌貓

製作＆繡圖 p.84、p.85
設計＆刺繡 楊孟欣

辛勤工作的貓咪

愛上園藝的貓咪

製作＆繡圖 p.88、p.89
設計＆刺繡 楊孟欣

享受節慶的喵星人

製作&繡圖 p.90、p.91
設計&刺繡 楊孟欣&杜貞臻

十二星座喵星人

製作＆繡圖 p.92、p.93
設計＆刺繡 楊孟欣

愛麗絲夢遊仙境童話貓

製作＆繡圖 p.94、p.95
設計＆刺繡 楊孟欣

小紅帽童話貓

製作＆繡圖 p.96、p.97
設計＆刺繡 楊孟欣

綠野仙蹤童話貓

製作&繡圖 p.98、p.99
設計&刺繡 楊孟欣

祝福文字貓

製作＆繡圖 p.100、p.101
設計＆刺繡 楊孟欣

超實用貓圖案文字

製作&繡圖 p.102、p.103
設計&刺繡 楊孟欣

超實用貓圖案文字

製作&繡圖 p.104、p.105
設計&刺繡 楊孟欣

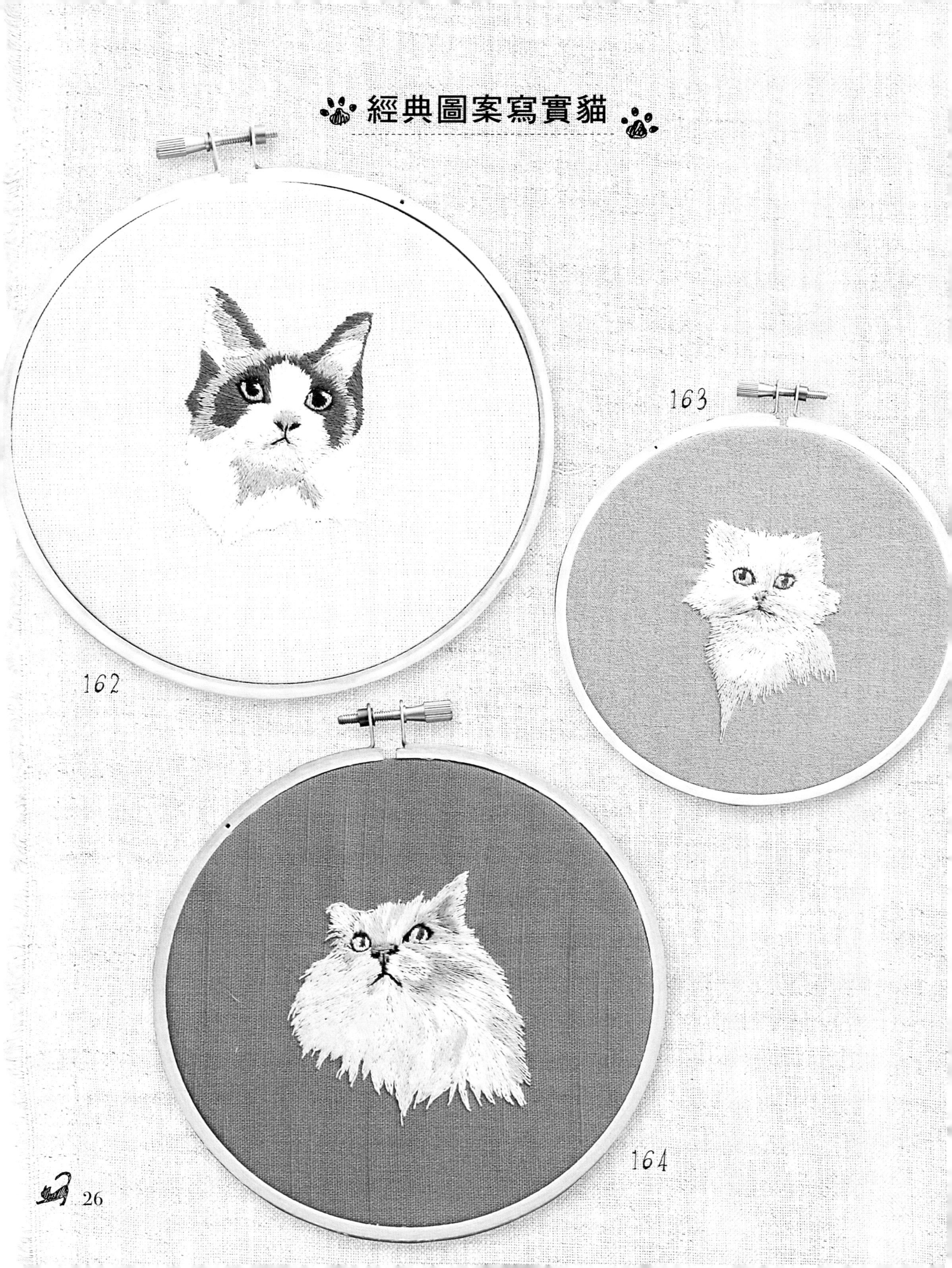
經典圖案寫實貓
162
163
164

165

166

167

製作&繡圖 p.106、p.107
設計&刺繡 楊孟欣

貓咪圖案花邊

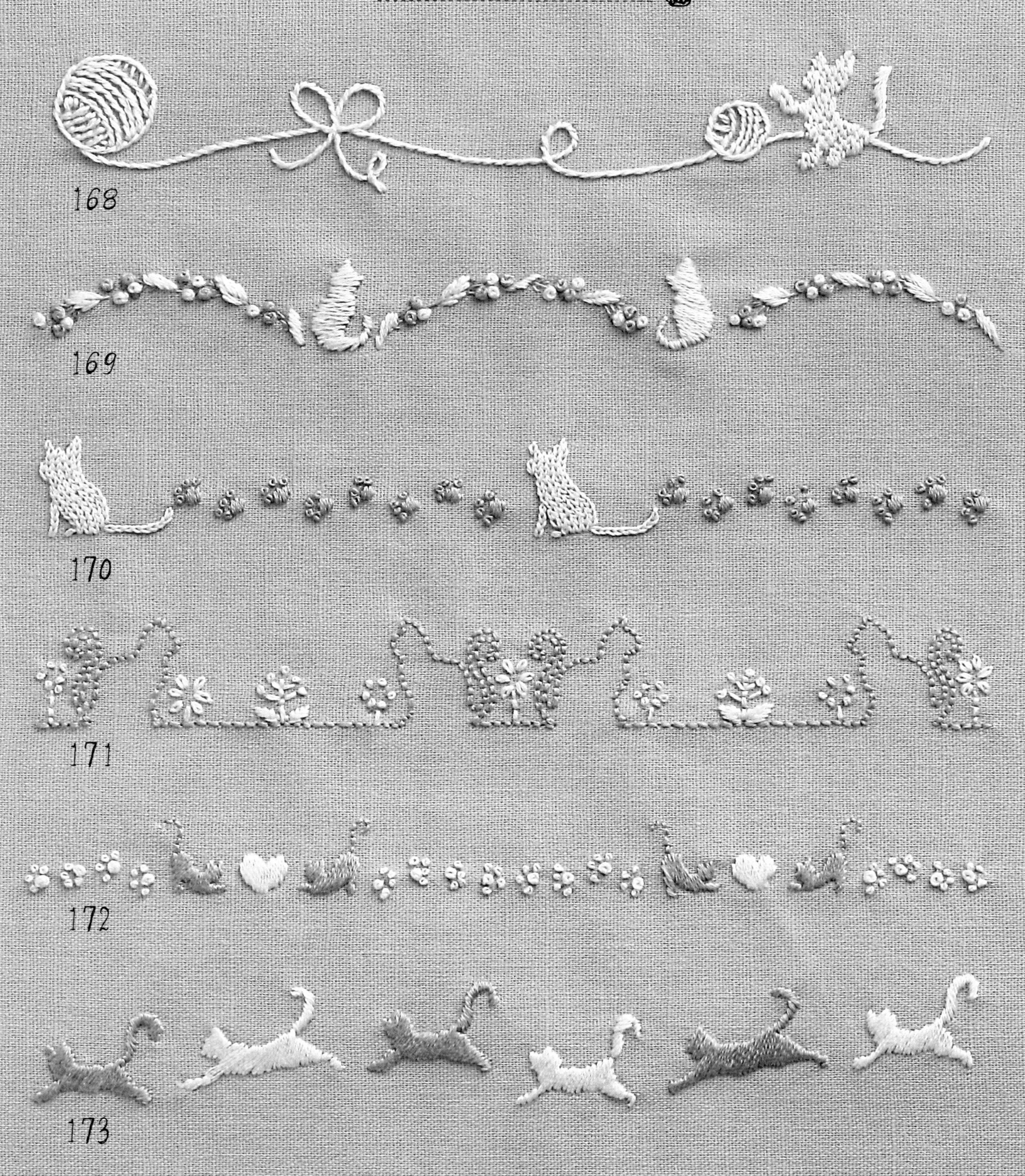

製作&繡圖 p.108、p.109
設計&刺繡 楊孟欣

貓咪圖案花邊

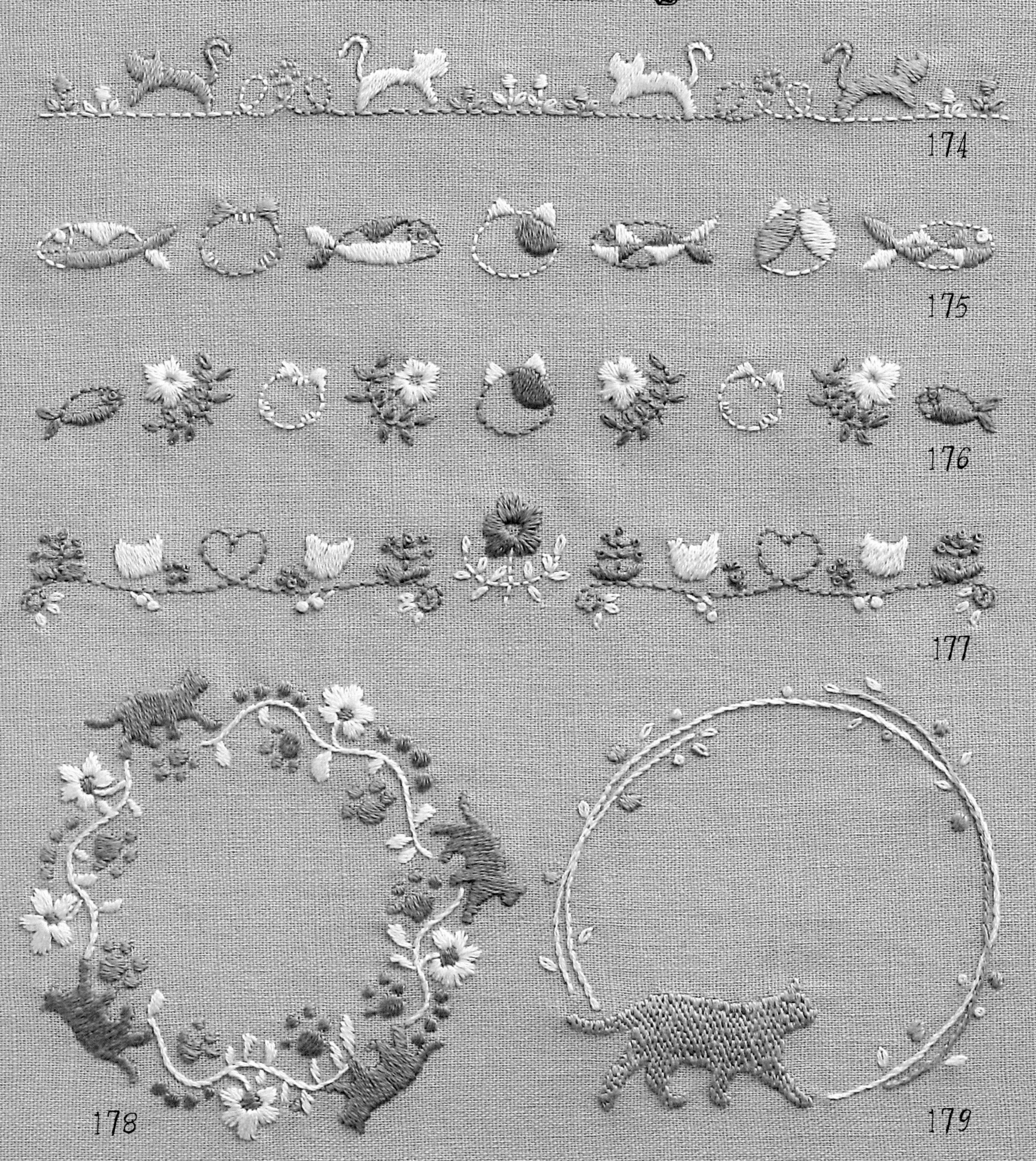

製作&繡圖 p.110、p.111
設計&刺繡 楊孟欣

活潑俏皮字母貓

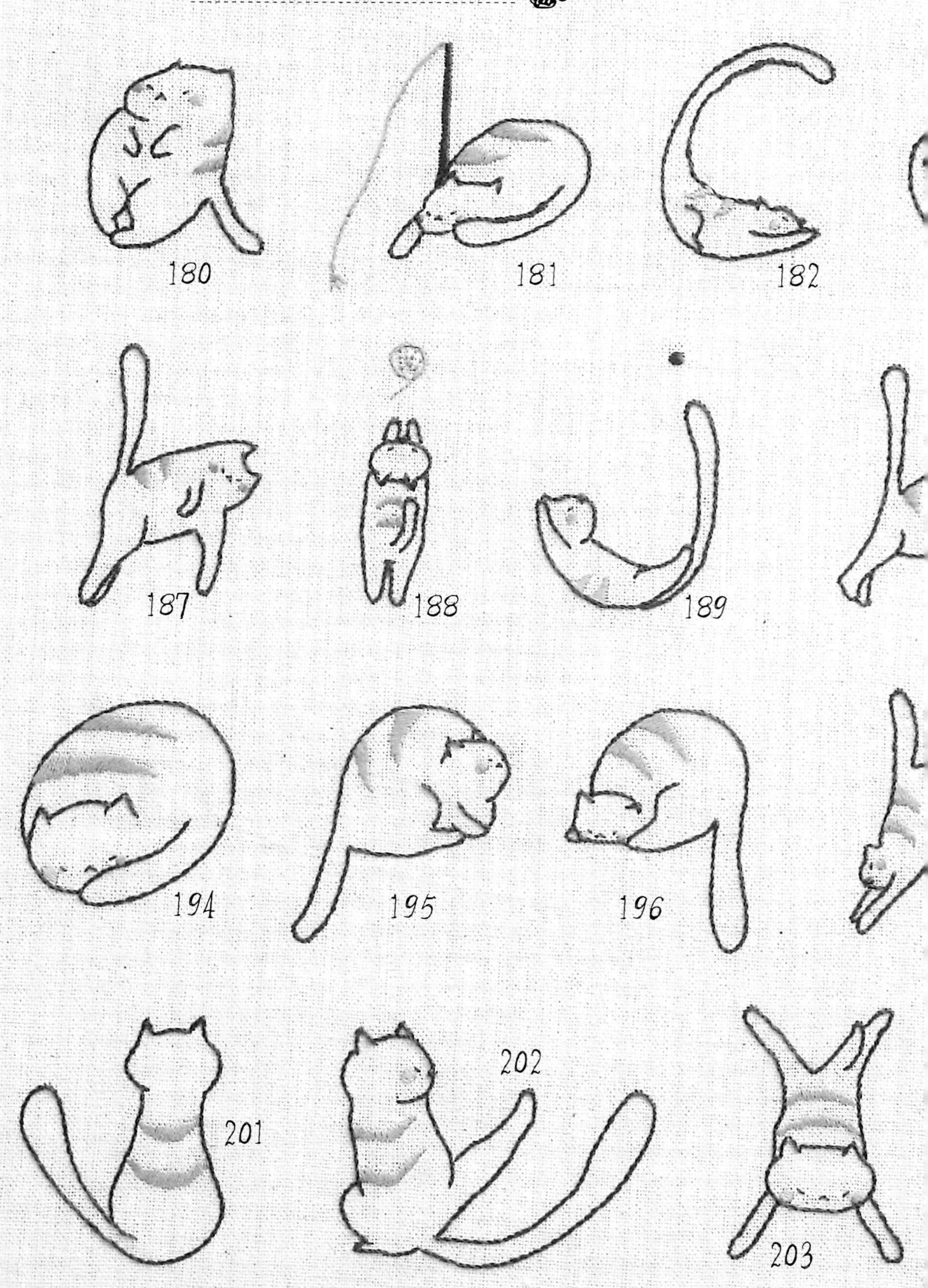

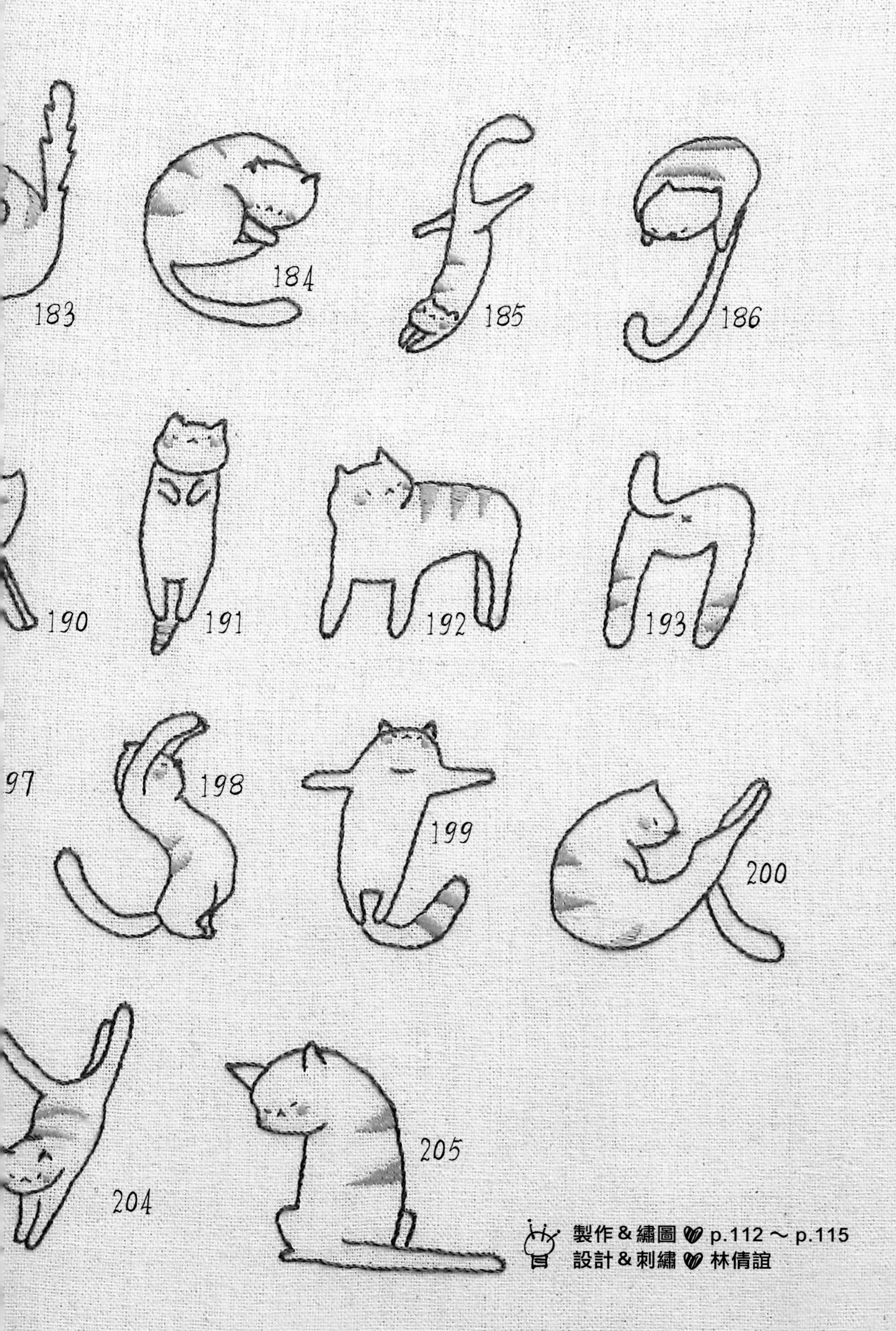

製作&繡圖 p.112～p.115
設計&刺繡 林倩誼

熱愛休閒的貓咪 

206

207

208

209

製作&繡圖 p.116、p.117
設計&刺繡 林倩誼

210

211

212

213

214

製作&繡圖 p.118、p.119
設計&刺繡 林倩誼

愛過節的插畫貓

215

216

217

218

製作&繡圖 p.120、p.121
設計&刺繡 林倩誼

製作&繡圖 p.122、p.123
設計&刺繡 林倩誼

交通工具貓

224

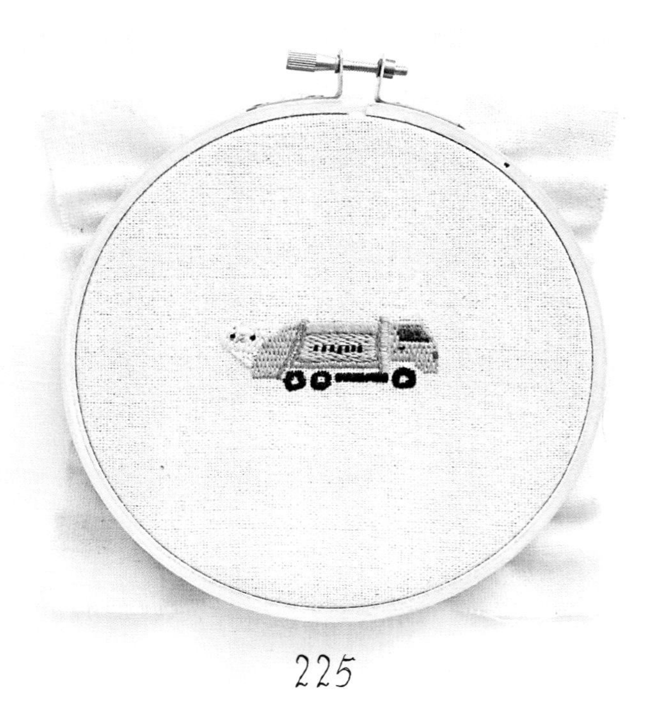

225

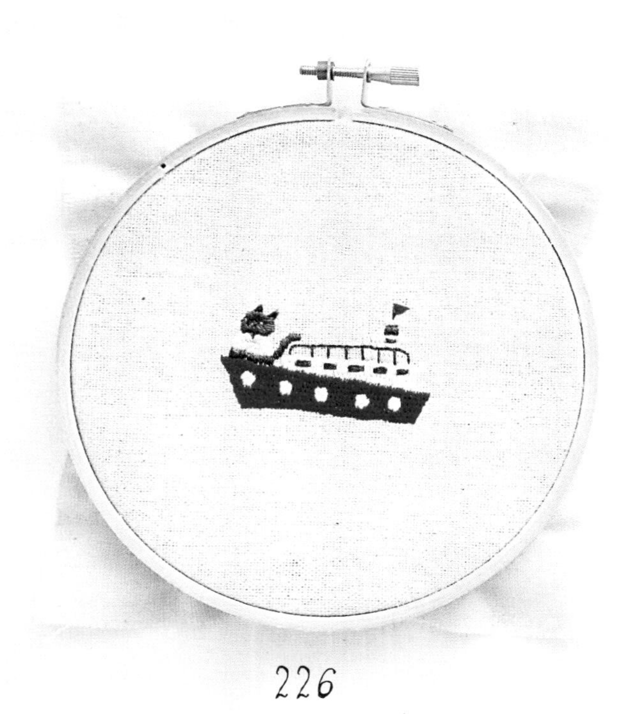

226

227

製作&繡圖 p.124、p.125
設計&刺繡 林倩誼

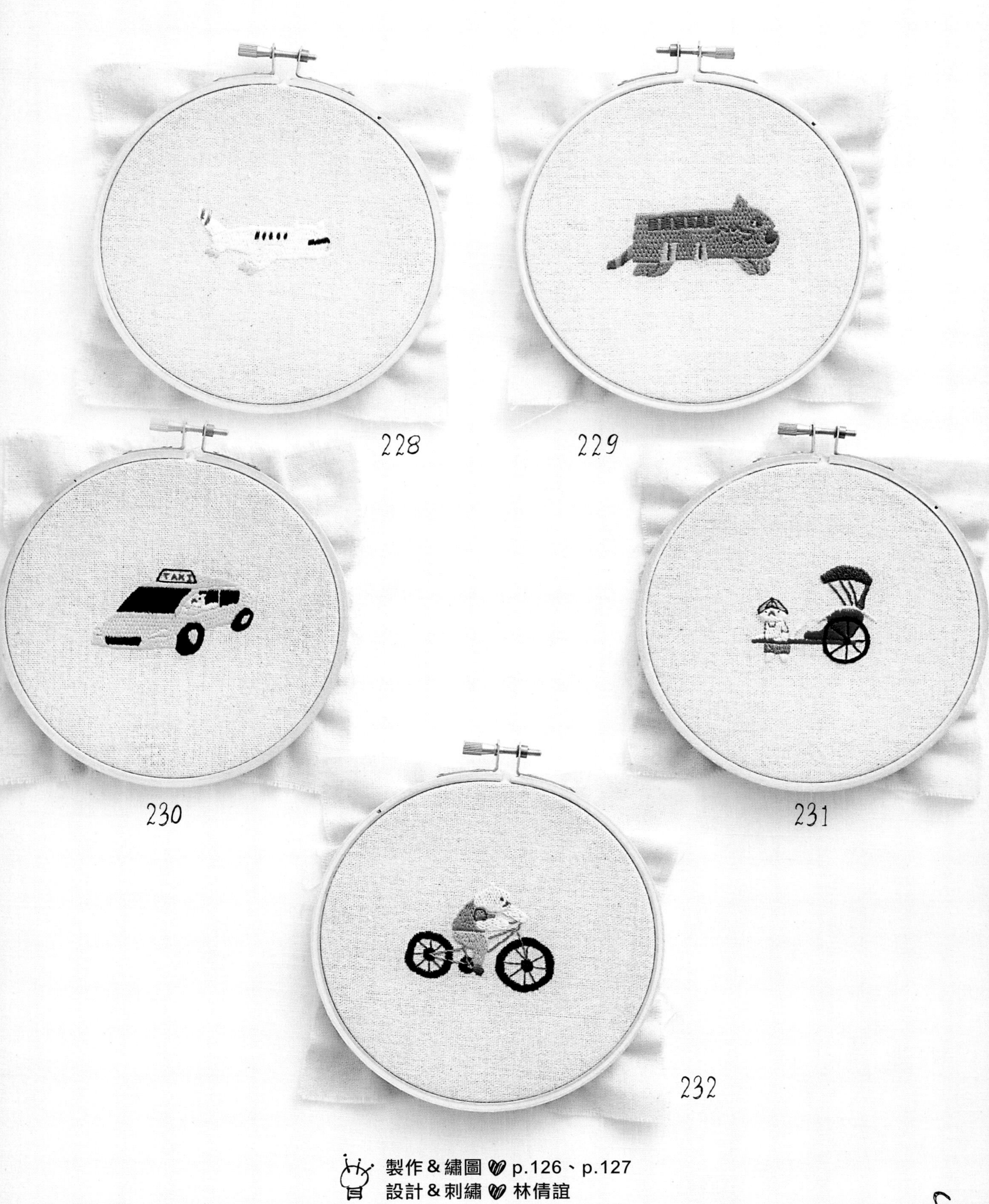

製作＆繡圖 p.126、p.127
設計＆刺繡 林倩誼

可愛貓咪大頭貼

233

234

235

236

製作&繡圖 p.128、p.129
設計&刺繡 林倩誼

製作＆繡圖 p.130、p.131
設計＆刺繡 林倩誼

貓咪運動會

242

243

244

245

製作＆繡圖 p.132、p.133
設計＆刺繡 林倩誼

製作＆繡圖 p.134、p.135
設計＆刺繡 林倩誼

超軟Q瑜伽貓

251

252

253

254

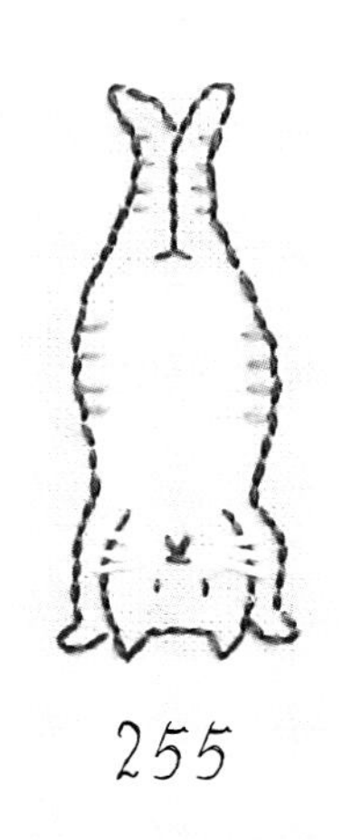

255

256

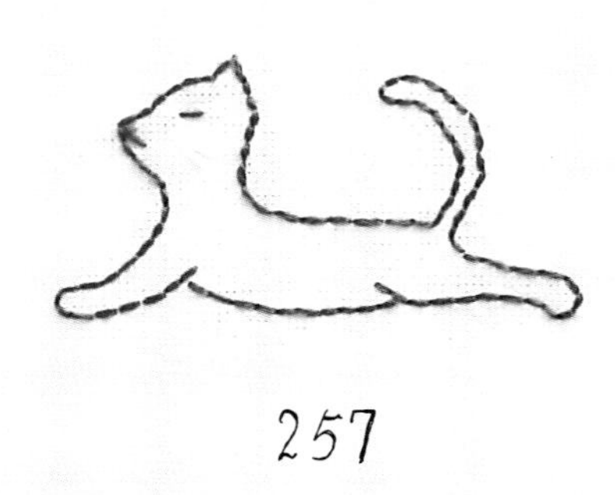

257

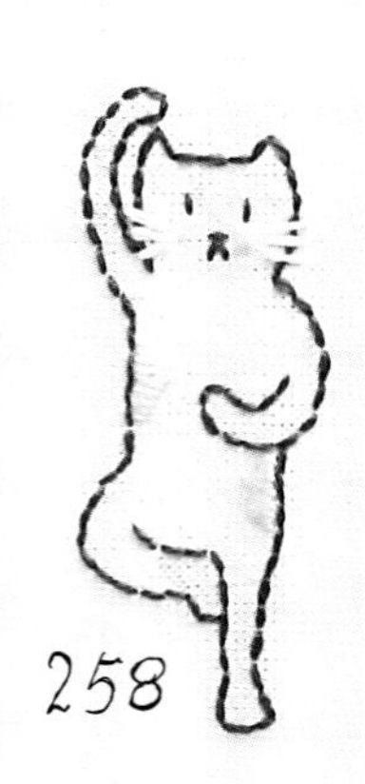

258

259

製作&繡圖 p.136、p.137

設計&刺繡 郭芊伶

反串動物喵星人 

260

261

262

263

264

265

266

267

268

製作&繡圖 p.138、p.139
設計&刺繡 郭芉伶

獨一無二數字貓 

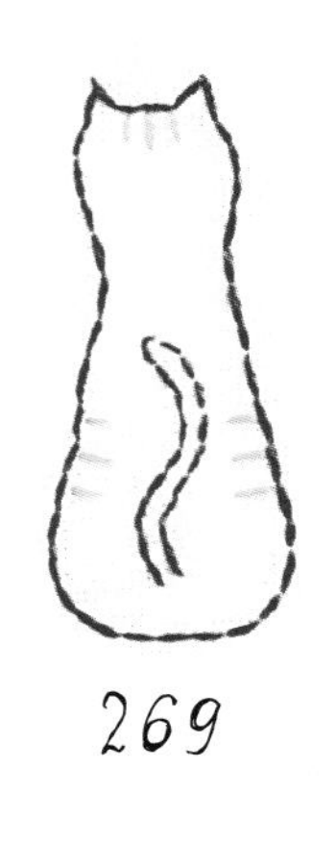

269

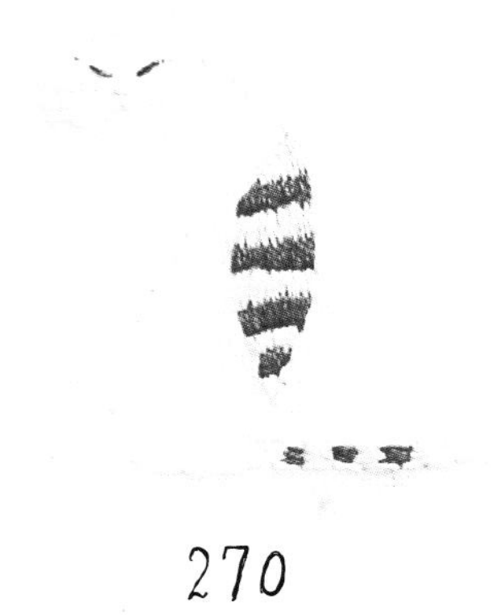

270

271

272

273

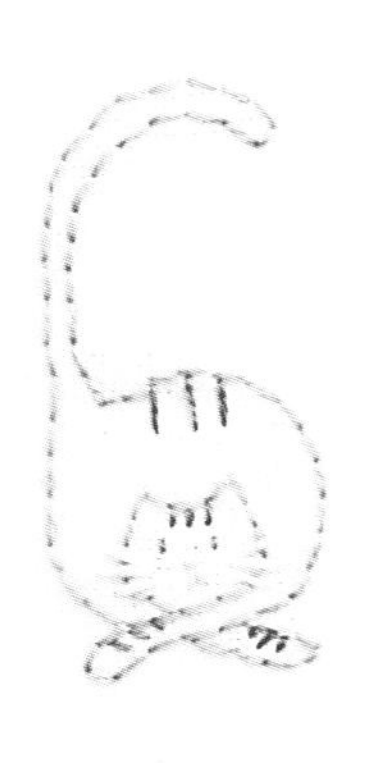

274

275

276

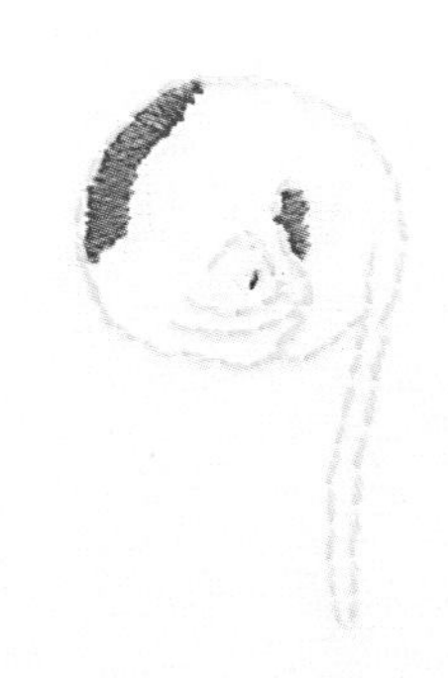

277

製作＆繡圖 p.140、p.141
設計＆刺繡 郭芊伶

喵星人表情包

製作＆繡圖 p.142、p.143
設計＆刺繡 郭芊伶

華麗變身美食貓 

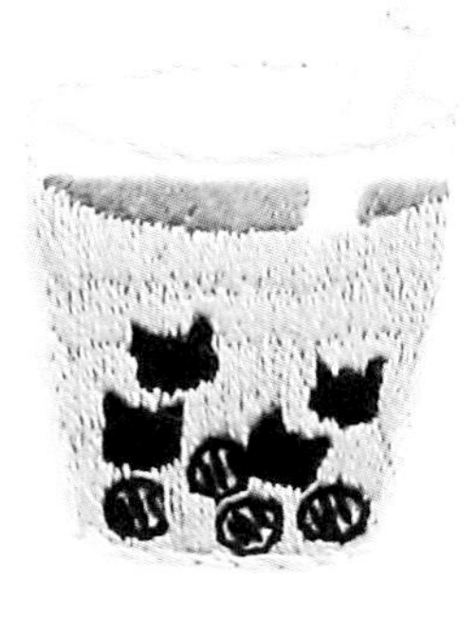

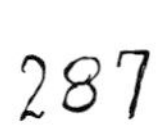

287

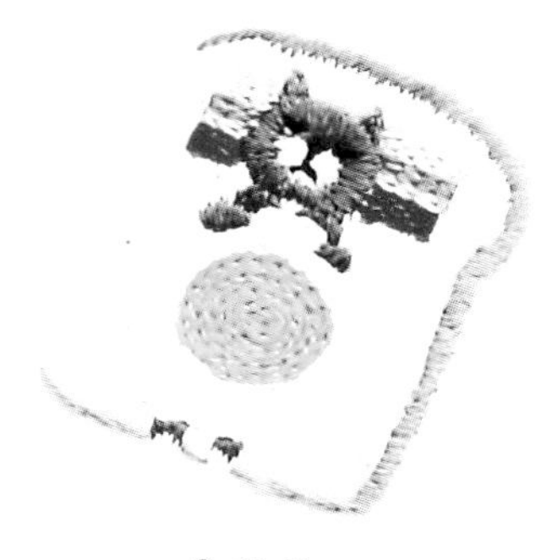

288

289

290

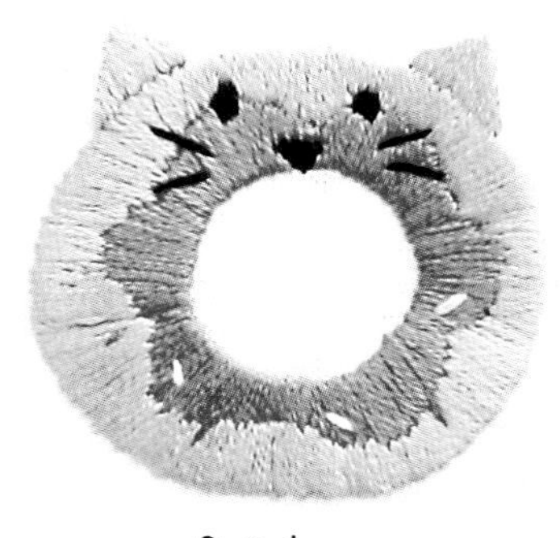

291

292

293

294

295

製作＆繡圖 p.144、p.145
設計＆刺繡 郭芊伶

最愛自由旅遊貓

296

297

298

299

300

製作＆繡圖 p.146、p.147
設計＆刺繡 郭芊伶

PART2

刺繡工具與基本技法

Tools and Basic Techniques

這個單元專為新手設計，從認識刺繡的工具，再學習 14 種基本刺繡技法，以及實用的貼布繡與圖案轉印，讓新手循序漸進學會更安心。

認識工具和繡線

刺繡很適合手作新手學習，容易入門，只要準備好喜歡的顏色的繡線，以及針、繡框、剪刀等，即可隨時隨地操作。以下介紹基礎的工具和繡線，建議新手們看完再購買。

1. 繡線

本書的作品，皆使用法國 DMC25 號繡線，它的特色是由 6 條細線組成一束線，每束線總長約 800 公分。使用時會擷取適當的長度，以及取用需要的粗細，也可以同時使用 6 條細線組成的粗線刺繡，6 條線的名稱，通常稱為「股」。

2. 刺繡用針

最常用的針是 7、5、3（號數越大越細、短），DMC 也有出產刺繡針，可視需求購買。

3. 珠針

大多用來暫時固定布片或紙型，避免移動，使用時小心不要刺到手。

4. 剪刀

剪線、剪布都有專用的剪刀，切勿和其他剪刀混用。

5. 刺繡用布

布料都可以用來刺繡，但最順手也最合適的纖維，就屬棉、麻、節紗棉了。新布在刺繡前最好水洗預縮，再使用。

6. 裁縫用複寫紙

便於將圖稿轉印在布面上。

7. 事務性複寫紙

功能同裁縫用複寫紙，但轉印後的碳粉不易清洗，描圖時要特別小心。

8. 粉圖筆

是在布面上做記號的筆，通常拍打就可以清除痕跡，用水清洗也可以。

9. 水消筆

在布面上做記號的筆，可以用水消拭。

10. 繡框

繡框有助於刺繡過程中固定布片，方便刺繡動作，內徑框可以預先用布條包覆，能防止布料滑脫、鬆掉，也可以減少布片上殘留繡框的壓痕。繡框使用法可參照 p.62。

11. 奇異襯

貼布繡的輔助材料，使用法可參照 p.58。

基本刺繡技法

刺繡的基本技法是進入刺繡之門的第一步，非常重要。只要學會這些基本技法，即使是刺繡新手，也能參照繡圖，隨意在任何布上繡出圖案。以下我們介紹 14 種基本技法，也是書中作品會用到的，希望讀者們能參考以下的說明和照片學習，多練習幾次，一定能抓到訣竅。

①法式結粒繡 步驟

完成圖

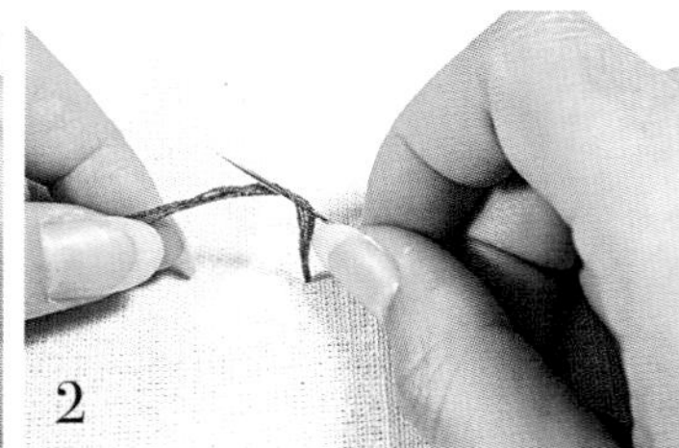
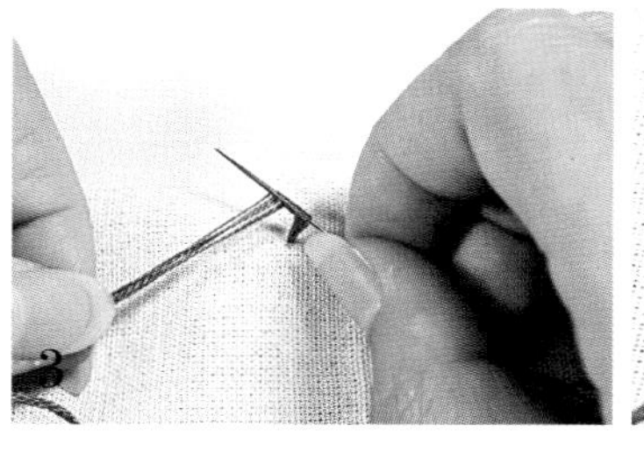
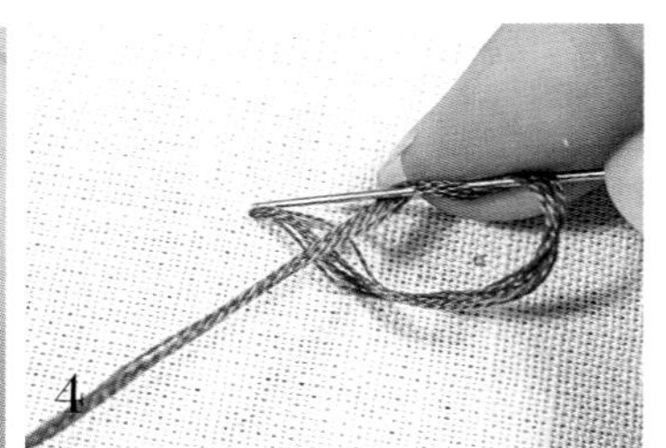
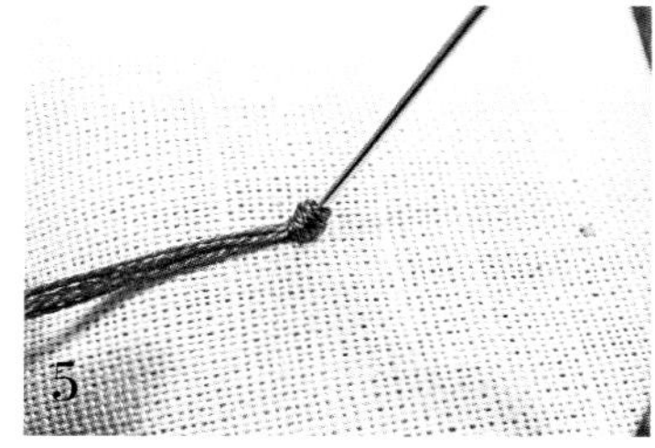
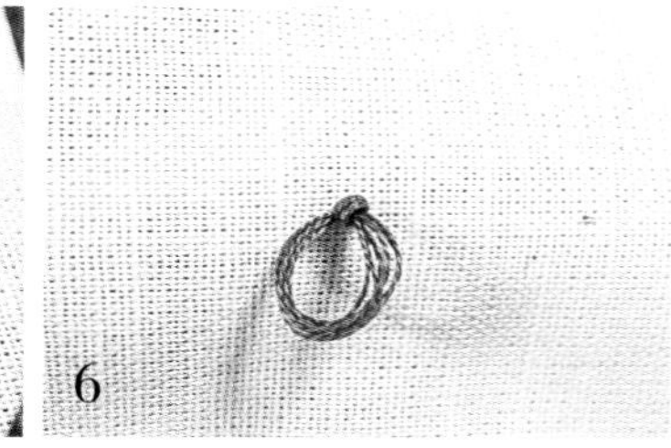

簡稱「結繡」或「結粒繡」，可用來裝飾作品，繡出串串葡萄，是很實用的一種繡法。這裡以繞兩圈的結粒繡做示範，讀者可依需求決定繞的圈數。

1. 從布的背面起針，此時出線孔和針的關係為一個逆時針的圈。
2. 針在線下，線繞針一圈。
3. 再繞第二圈。
4. 接著針距離出線孔約 1 ～ 2 根布纖維的距離，入針到布的背面。
5. 調整繞在針上的線緊度，不要過緊，否則針無法順利通過。
6. 在布的背面抽針即完成。

②輪廓繡 步驟

完成圖

多用來勾勒物體外觀輪廓的技法，像樹葉的枝幹、花朵等等，可使作品的細部更美觀。這個針法通常是由左到右操作。

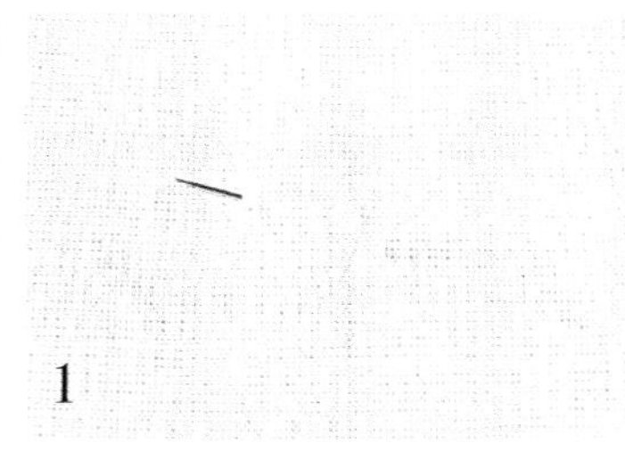
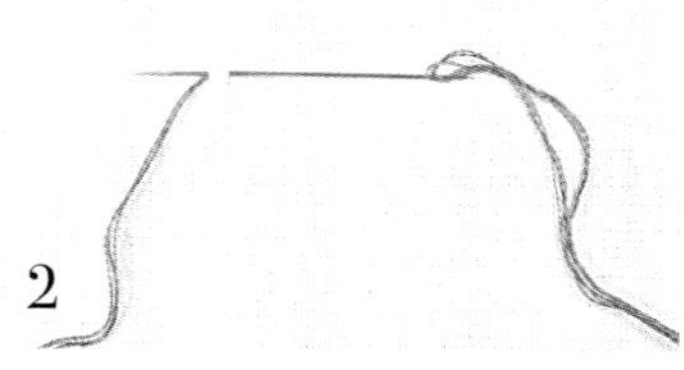

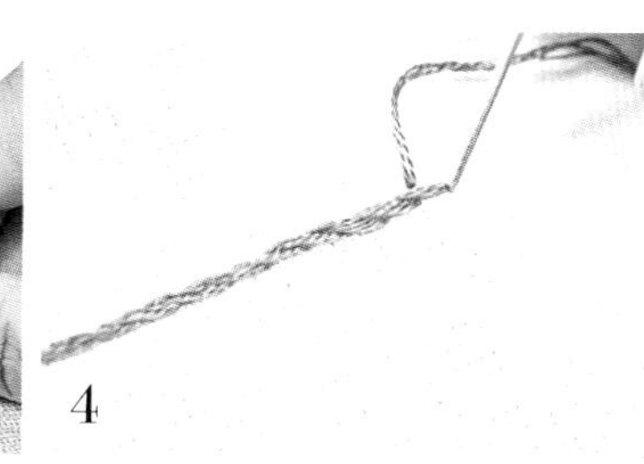

1. 從布的反面起針。
2. 間隔大約 0.3 公分針距入針，再從起針孔出針（共用針孔）。
3. 重複步驟 1. ～ 2.。
4. 結尾最後一針共用針孔，到布反面收尾即完成。

③直線繡、平針縫 步驟

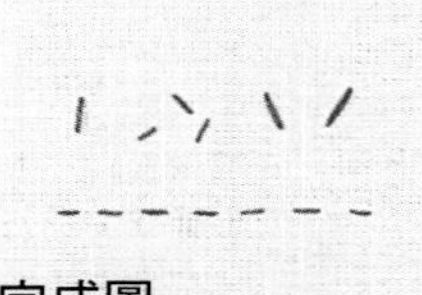
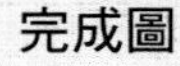

很自由的一種繡法，適合在布面上繡出較趣味、創意的圖紋。整齊時精緻、隨興時變化多。

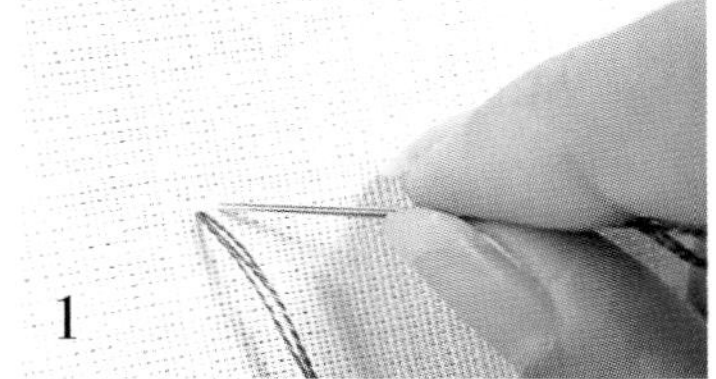

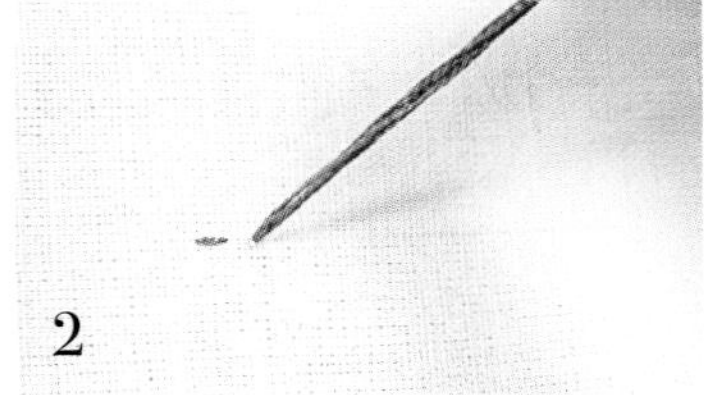

1. 從布的背面起針，間隔適當針距入針。
2. 再從適當針距出針，若是繡直線，即可重複步驟 1.～2.。
3. 其他較為自由的線條，可依需求自己隨興操作。

④緞面繡 步驟

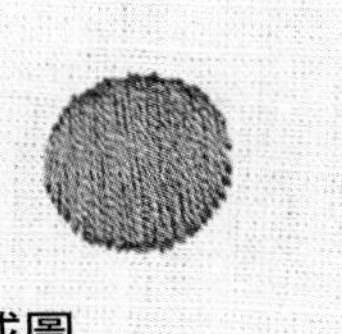

特色是表面平整，因為以密集的線段構成畫面，是比較耗時的繡法之一，常常用在整面填色的圖案。

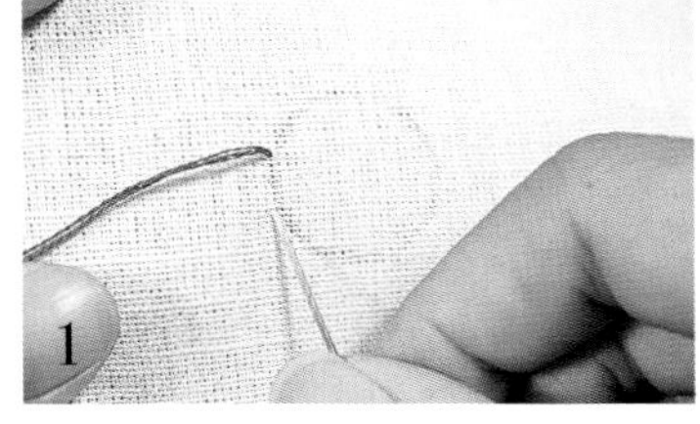

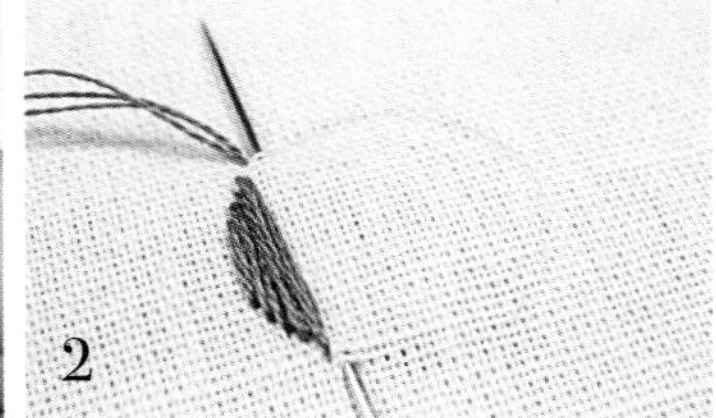

1. 從布的背面起針，到對面的點入針。操作時，將入針與起針處蓋過描線，邊界外形會比較完整、順暢。
2. 持續以直線方式沿著描稿線間填滿繡線。
3. 須留意不要露出縫隙。

⑤回針縫 步驟

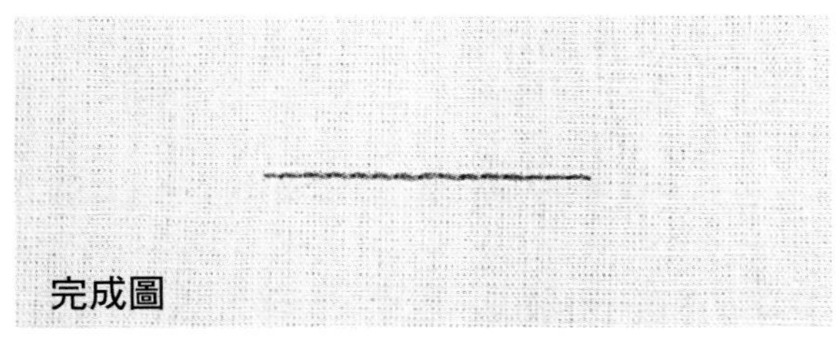

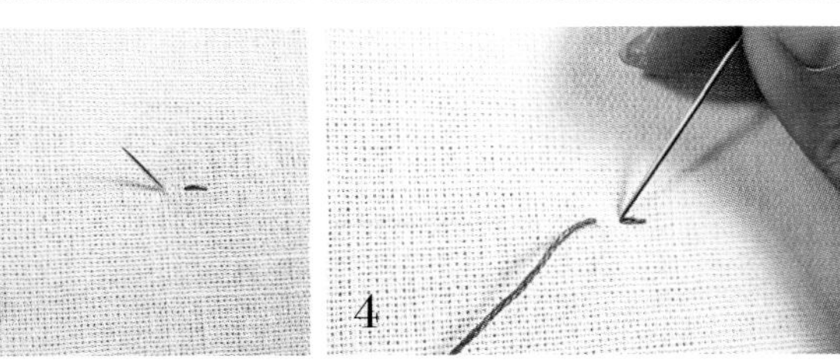

最常使用到、最基本的繡法之一，可用來勾勒圖案的輪廓，也可以用來固定布片，較平針繡來得牢靠，一定要學會！回針縫跟輪廓繡相反，起針是從右邊縫到左邊。

1. 以針距 0.3 公分為例，起針往前一格，從反面起針，讓起始點和起針距離 0.3 公分針距。
2. 從正面往剛剛的起始點入針。
3. 從背面在下個 0.3 公分針距出針。
4. 從正面往後退一針，並共用針孔入針到背面。
5. 重複步驟 2.～5. 一直到結束即完成。

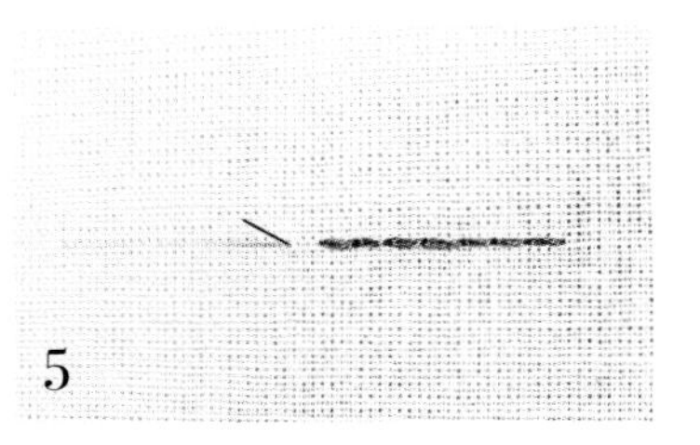

⑥雛菊繡

步驟

完成圖

單一的雛菊繡除了當花瓣，也可以用來充當綠葉。

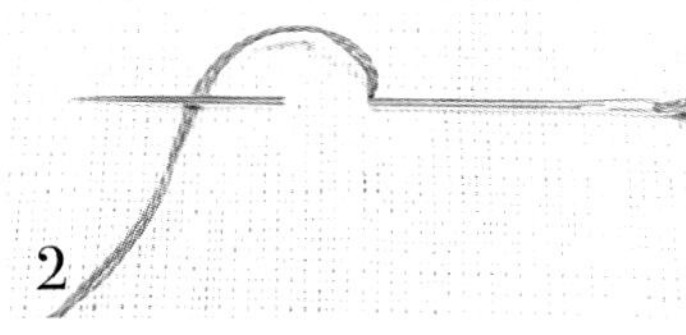

1. 從布的背面起針。
2. 再從同樣的針孔入針，在適當針距出針，並確定線壓在針下。
3. 調整繡線到適當的鬆緊度。
4. 跨過繡線入針，將針線拉到背面即完成。

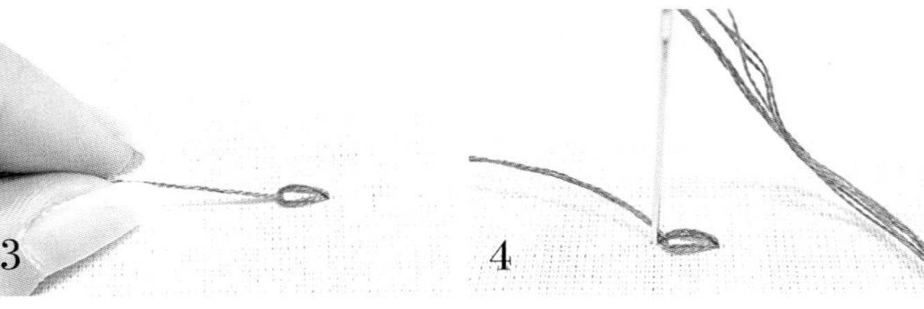

⑦鎖鏈繡

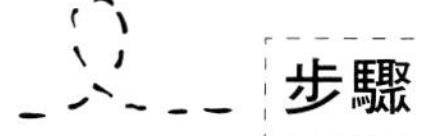

步驟

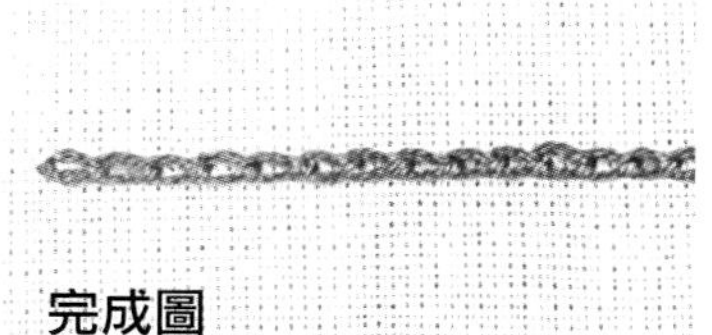

完成圖

由重複的雛菊繡構成，因為很像鏈條，所以叫作鎖鏈繡，也是常常用到的繡法之一。

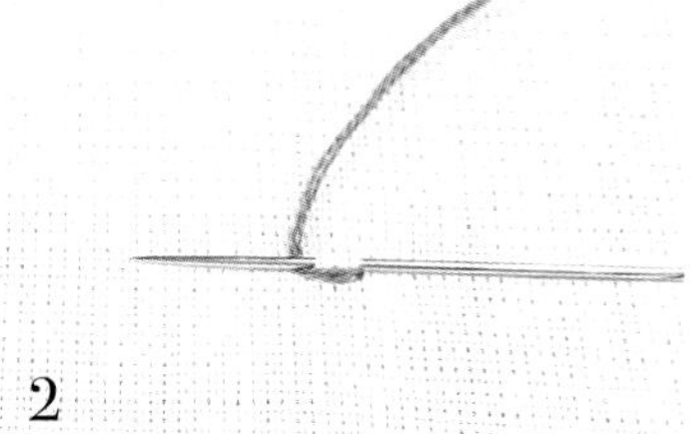

1. 從布的背面起針。
2. 再從同樣的針孔入針，在適當針距出針，並確定線壓在針下。
3. 調整繡線到適當的鬆緊度，再重複步驟 1. ～ 3.。
4. 最後收尾，將針線跨過繡線入針，將針線拉到背面即完成。

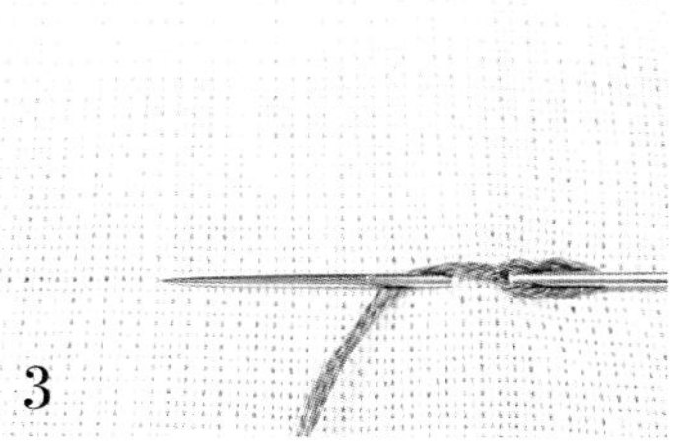

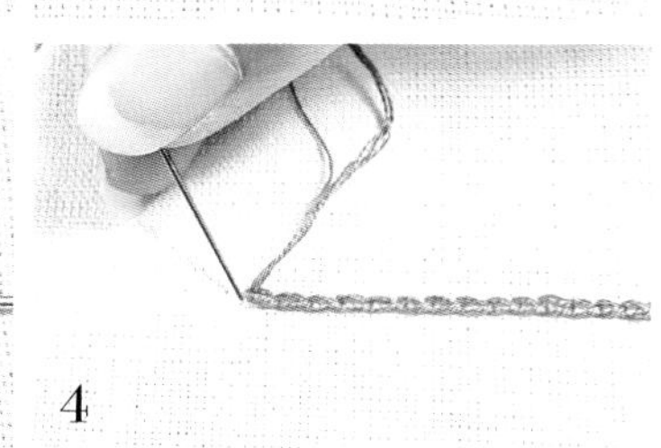

⑧長短針

步驟

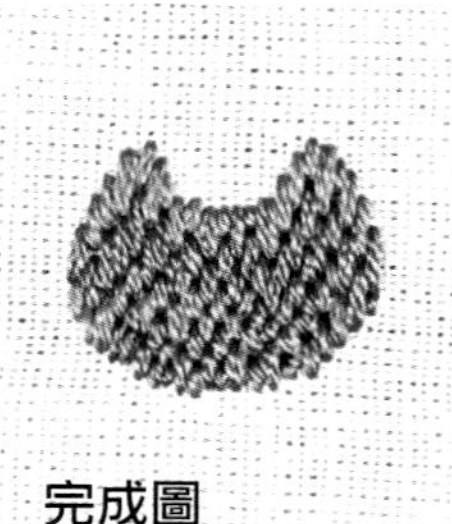

完成圖

和 p.53 的緞面繡一樣，也是用來填滿畫面的繡法，同樣也相當耗時。操作時，要留意線的距離，才能讓畫面整齊規則。這裡以兩色線做示範，可以更清楚呈現線段之間的關係。

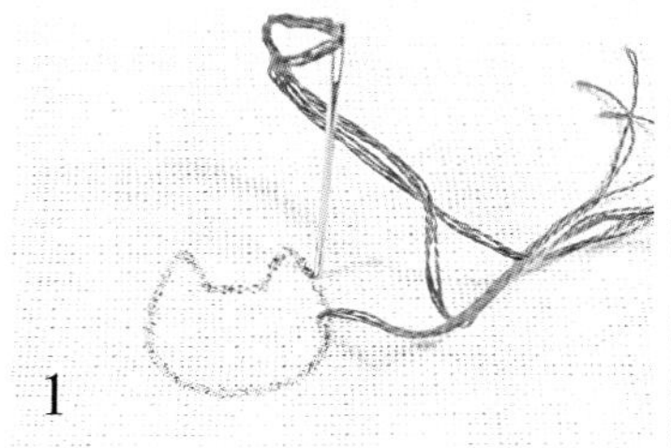

1. 繪製刺繡範圍，操作時，將入針與起針處蓋過描線，邊界外形會比較完整順暢。
2. 先將上方第一層沿著輪廓，以一長一短的方式緊鄰繡滿。
3. 第二層保持每一針距的長度，共用第一層的針孔，繼續填滿。
4. 重複步驟 2. ～ 3.，填滿整個範圍即完成。

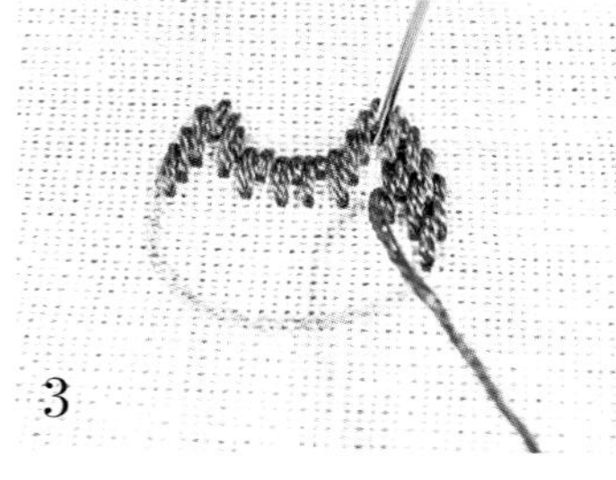

⑨貼布繡

步驟

完成圖

又稱「毛邊繡」或「布邊繡」，尤其布邊容易脫線的布片，可用這樣的繡法來固定。大都用在布的邊緣，但若單一使用也有不同的效果。

1. 從背面起針。
2. 在適當的間隔針距入針，並於貼布邊緣輪廓的相對位置出針，同時確認線在針下。
3. 抽針線到適當的鬆緊度，不要過緊，導致布皺起來。
4. 重複步驟 1. ～ 2. 在貼布邊緣繞一圈。
5. 最後留一個適當針距，準備收尾。
6. 以針挑起最開始起針的線段，並入針到背面即完成。

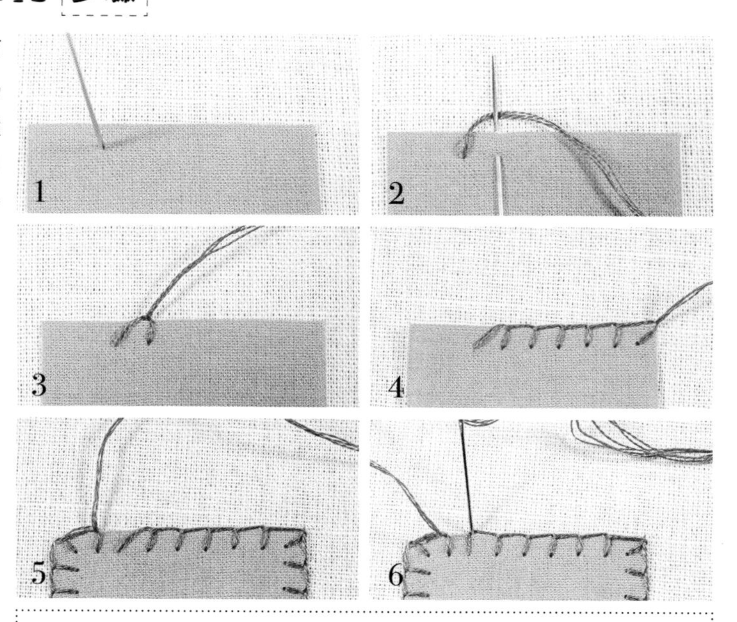

小叮嚀　如果貼布繡的造型比較複雜，可參考 P.58「貼布繡的奇異襯使用方式」教學，做為前置動作。

⑩飛鳥繡

步驟

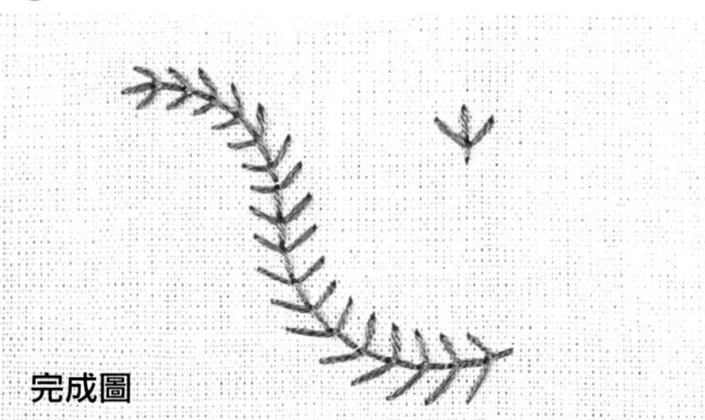
完成圖

造形像展翅的飛鳥，整串組合，也可以當作葉脈、羽毛等圖案。這是運用回針縫為基底的技巧，加上Y形變化而來的。

1. 在布面上做好刺繡標記，並且使用繡框確實固定布片。
2. 從畫面左邊、背面起針。
3. 在適當的針距，先縫出一條直線，並從直線左邊，從背面出針。
4. 跨過直線，到對面入針。
5. 共用直線的針孔出針至正面。
6. 調整線的鬆緊度。
7. 重複步驟 2. ～ 6. 即完成。
8. 等距地繡出一排，可以當作葉脈或羽毛。

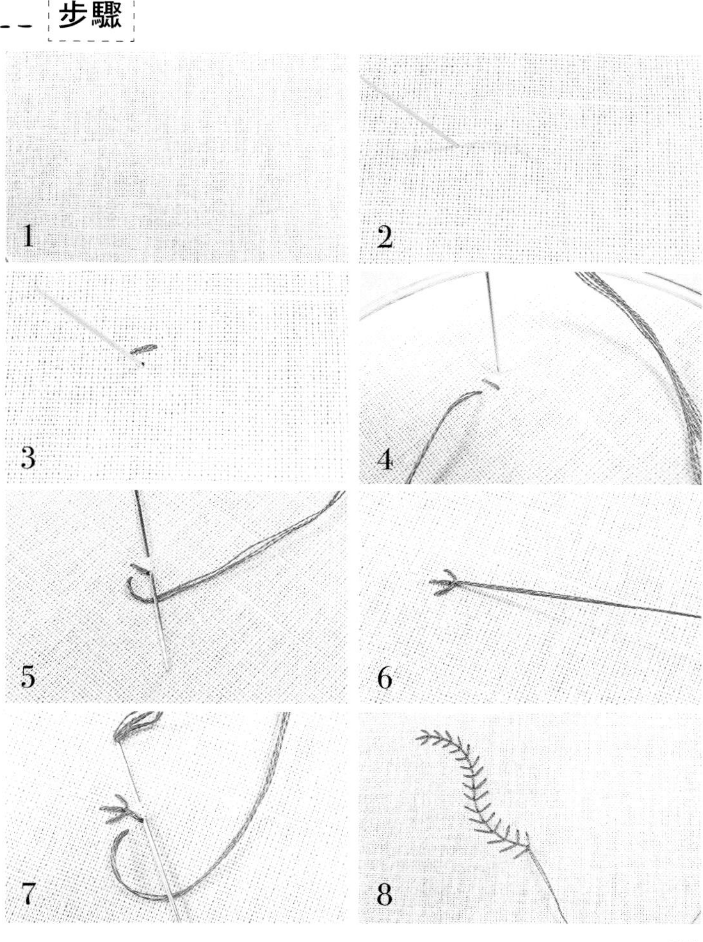

⑪編織繡

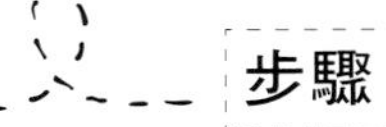

步驟

完成圖

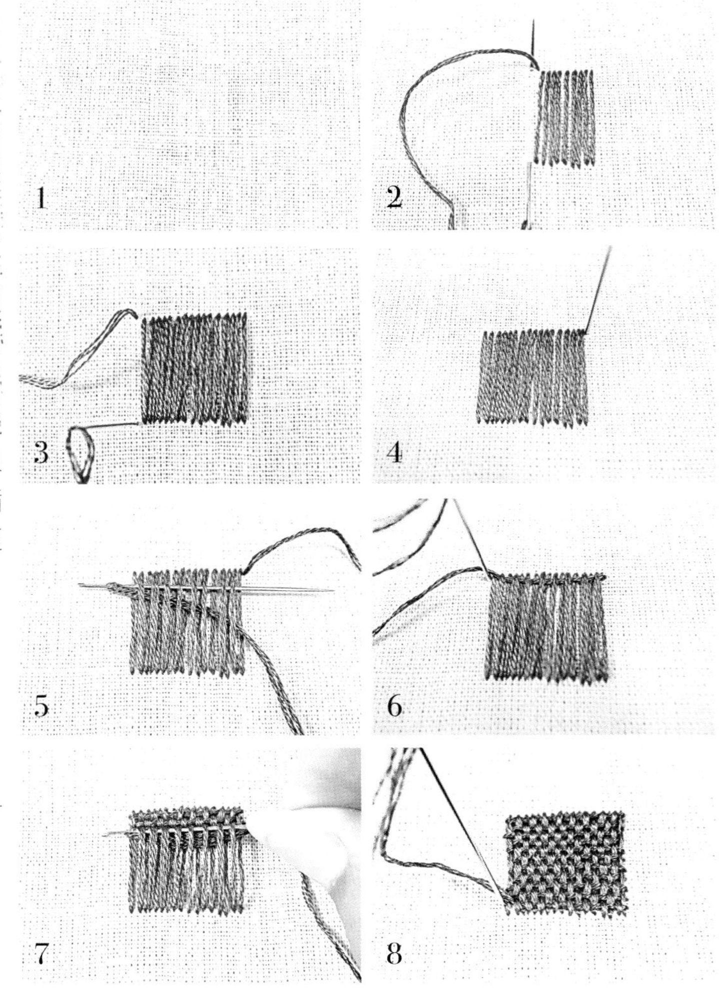

以直線繡為基底，把布面當作織布機，先以直線繡拉出經線，再以一上一下的方式，讓緯線穿插在經線間，形成面。這裡以兩色線示範，可以更清楚呈現線段間的關係。

1. 繪製刺繡範圍。
2. 間隔一條繡線的距離，再縫下一條線。
3. 構成經線。
4. 在右邊對角邊緣，開始縫製緯線。
5. 以針尾端引導線，單數線被針壓，雙數線壓針的方式進行，第二條則相反，以此類推。
6. 最後在邊緣入針到背面。
7. 繼續以右到左方式穿針引線。
8. 一直到整個面都編完為止。

⑫蛛網玫瑰繡

步驟

完成圖

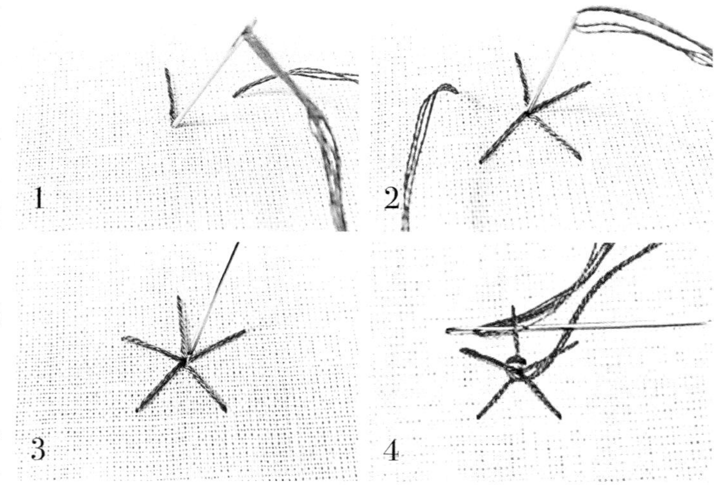

蛛網玫瑰繡又叫「車輪繡」，是看起來很複雜，實際操作起來卻很簡單的半立體繡法，只要確認放射狀的軸線數量為單數，就離成功不遠囉！

1. 首先繪製刺繡記號線，軸線必須是奇數，從外圍起針。 ＊下一頁還有步驟文字和圖片→

2. 到圓心入針。
3. 從背面，選擇其中一根軸線旁邊出針。
4. 以針尾端引導線，單數線被針壓，雙數線壓針的方式進行，一直繞圈。
5. 待覆蓋大部分的軸線後，從線下入針，到背面收尾即完成。

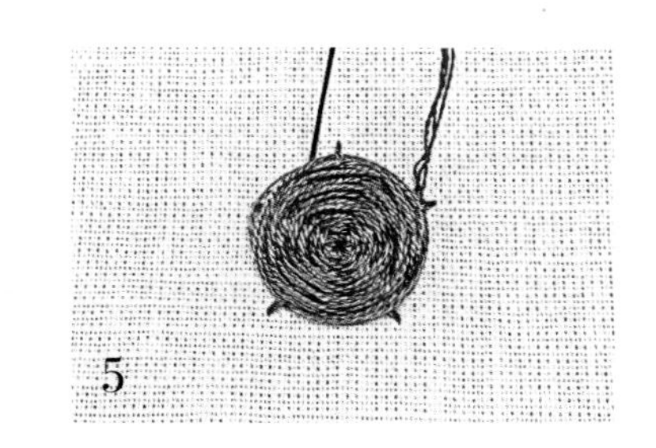

⑬劈針繡

步驟

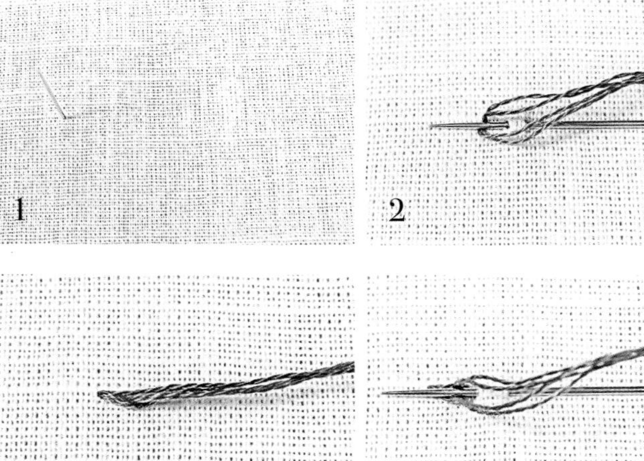

以輪廓縫為基底，第二針倒回，從第一針中穿出，把第一針劈成兩半，完成後形成辮子造型。須留意被劈開的線，左右要均勻，這裡以兩色線示範，可以更清楚呈現線段間的關係。

1. 從布的反面起針。
2. 間隔大約 0.3 公分針距入針，再從前面的一半針距和線的中間出針。（使用劈針繡做法，繡線的股數最好是雙數）
3. 調整線的鬆緊度。
4. 重複步驟 1. ～ 3.，並且線與線的接點處共用針孔。
5. 調整線的鬆緊度。
6. 完成。

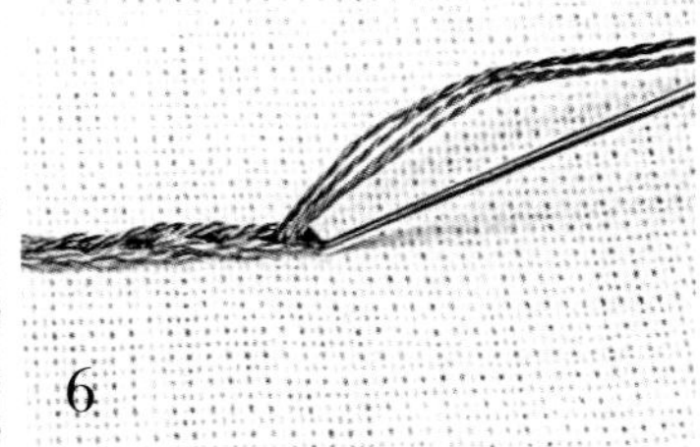

⑭十字繡

步驟

特色是繡出來的圖案呈「×」圖形，有專門的十字繡手工藝，當十字繡整齊排列時，自成一種很特別的風格。

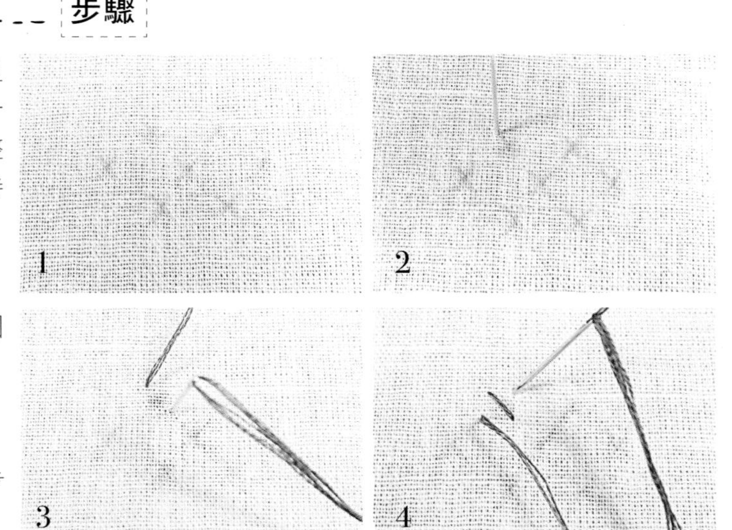

1. 在布面上做好刺繡標記，並且使用繡框確實固定布片。
2. 從背面起針。
3. 對角入針。
4. 從隔壁針距出針，再從對角入針，一直重複步驟 2. ～ 4. 即完成。

貼布繡與圖案轉印

步驟

完成圖

想要嘗試貼布繡，或者使用本書附的圖案刺繡嗎？只要學會貼布繡的奇異襯用法和圖案轉印，讓你的刺繡作品更豐富。

貼布繡的奇異襯使用方法

1. 準備材料：刺繡圖稿、複寫紙、珠針、opp 膠片、布片、彩色布片、鉛筆、熨斗、奇異襯和描圖紙。
2. 備好刺繡圖稿，將圖案轉印在布片正面。
3. 使用描圖紙描繪圖案。
4. 將描圖紙翻到反面，要取用反圖。
5. 隔著 opp 膠片夾入複寫紙。
6. 將圖案轉印在奇異襯紙面上（另一面較為粗糙是膠面）。
7. 抽出複寫紙，轉印完成。
8. 粗略剪下奇異襯。
9. 燙貼在準備貼布的彩色片反面（以較為粗糙面，面對彩色布反面）。
10. 沿著輪廓線，精準剪裁布片。
11. 將奇異襯的離形紙撕掉。
12. 使用熨斗將有奇異襯的彩色布片，燙貼在描好圖稿的布片相對位置上，就可以開始貼布繡囉！

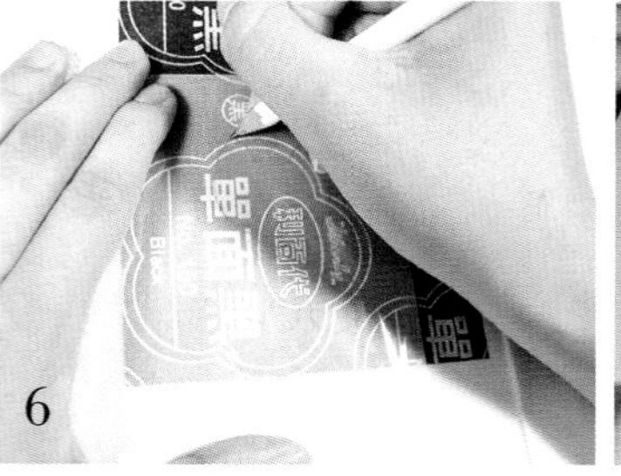

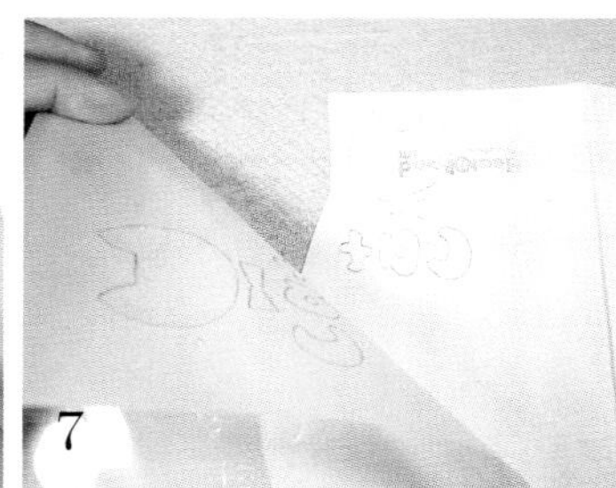

＊下一頁還有步驟文字和圖片→

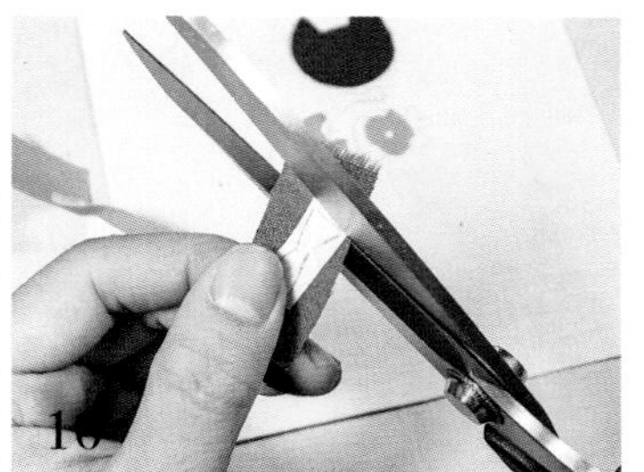

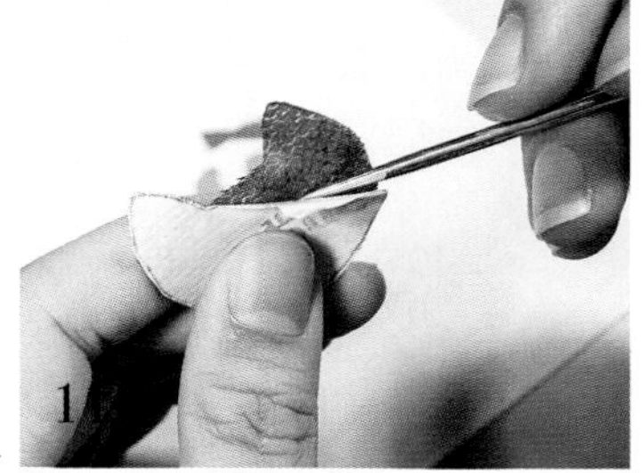

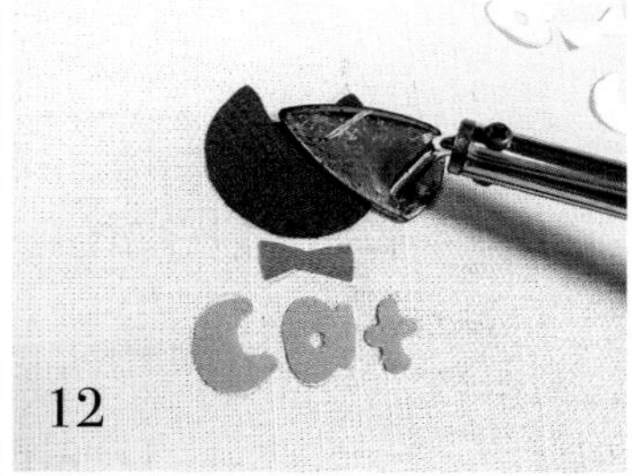

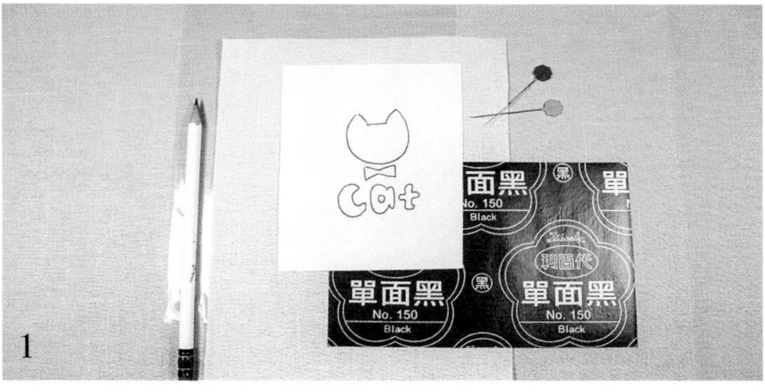

圖案轉印

1. 準備材料：刺繡圖稿、複寫紙、珠針、opp 膠片、布片和鉛筆。
2. 備好刺繡圖稿，使用珠針將圖稿確實固定在布片正面。
3. 依序為刺繡圖稿、複寫紙、布片。
4. 複寫紙的轉印碳粉面必須面對布片正面，最上層覆蓋 opp 膠片。
5. 用鉛筆隔著 opp 膠片，沿著原稿線條描繪。
6. 抽出複寫紙，轉印完成。

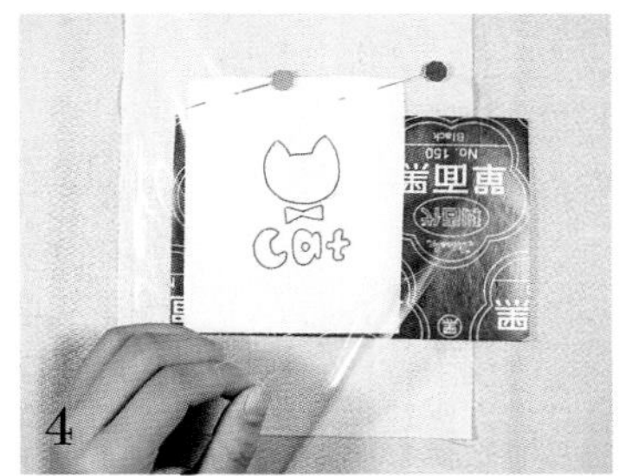

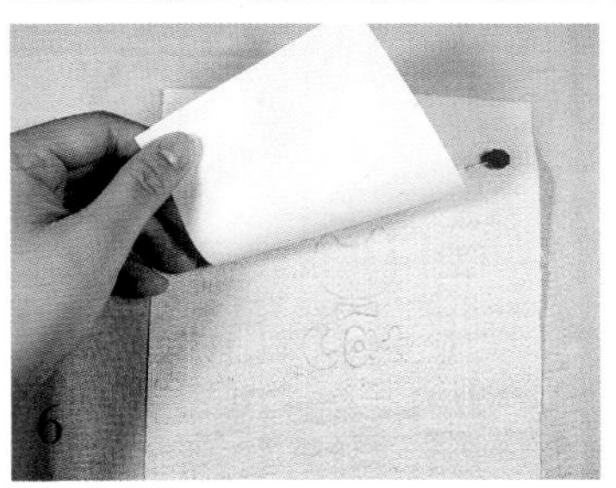

基本技巧與收納繡線

以下針對新手，解說縫紉基本技巧，讓你從頭學起。此外，為了讓刺繡成品圖案顏色更豐富，通常會準備各種顏色的繡線，這時該如何收納呢？

抽線 步驟

分股 步驟

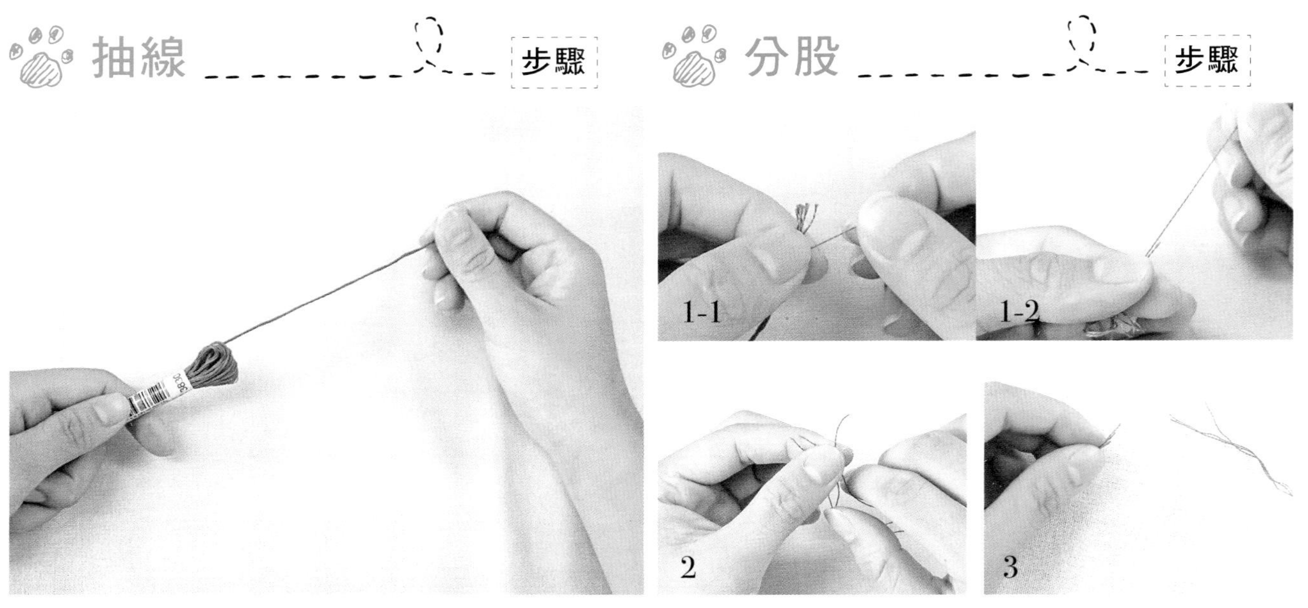

從條碼那頭找出線頭，再開始抽線，抽出長約自己的左肩到右手掌伸直的長度，大約 50 ～ 90 公分為最佳長度。

1. 將單股線抽出，如需使用 3 股，就分 3 次抽出。
2. 將抽出的線對齊，組合在一起使用。
3. 繡線分股如圖。

穿針 步驟

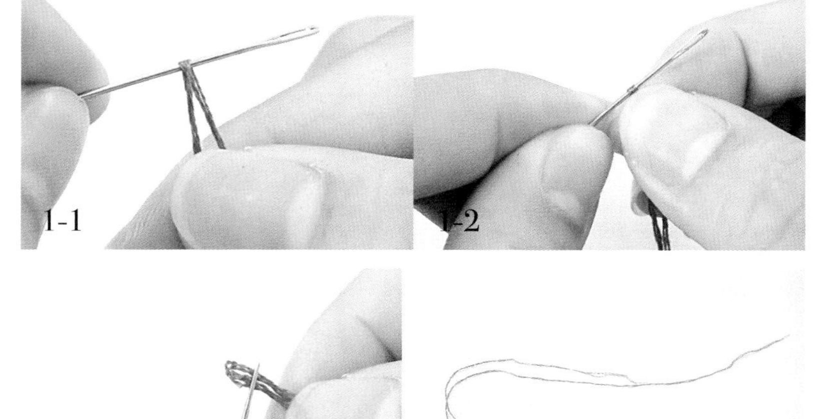

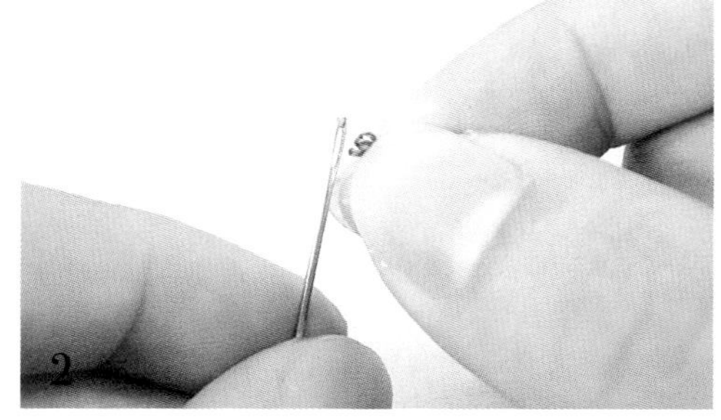

1. 將繡線跨過針尾，指甲推擠後抽出針。
2. 將指甲推擠後的線，和針孔方向對應。
3. 順著針孔方向，順勢放入繡線。
4. 繡線放入後，以一長一短方式使用繡線。

打結 步驟

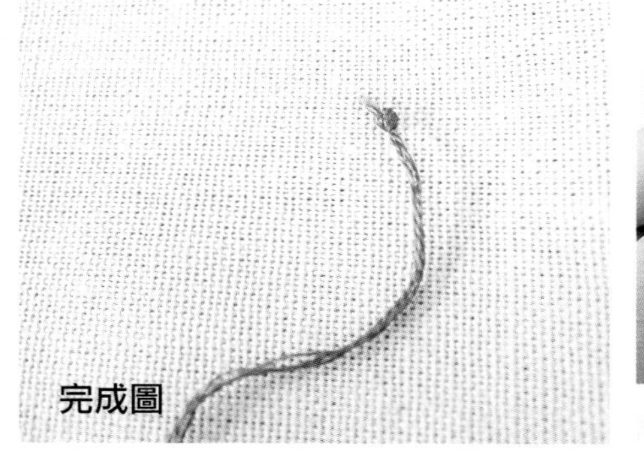
完成圖

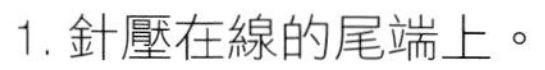

1. 針壓在線的尾端上。
2. 同時將線在針上繞 2 ～ 3 圈。
3. 捏住所繞的線，抽針。
4. 打結完成。

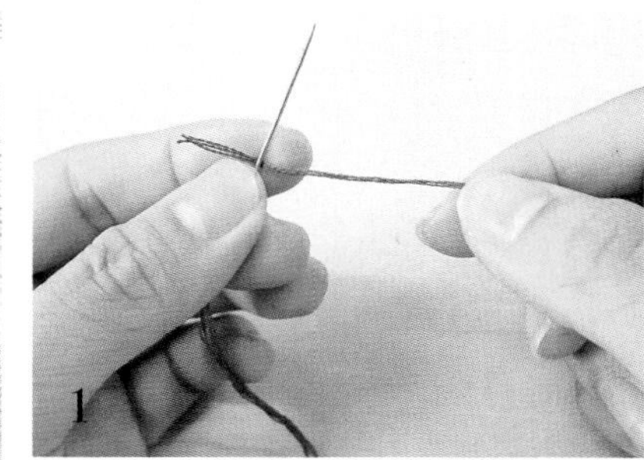

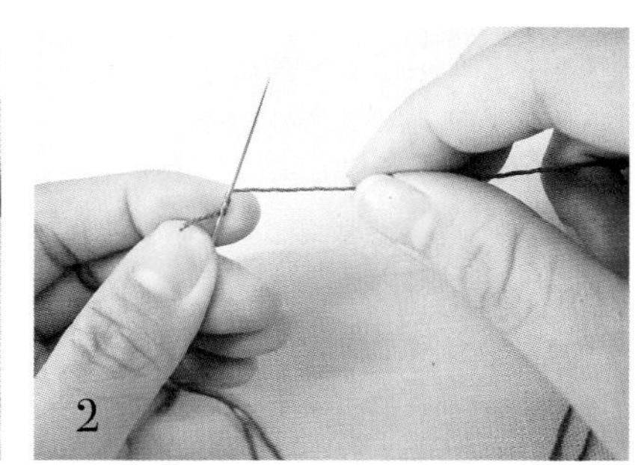

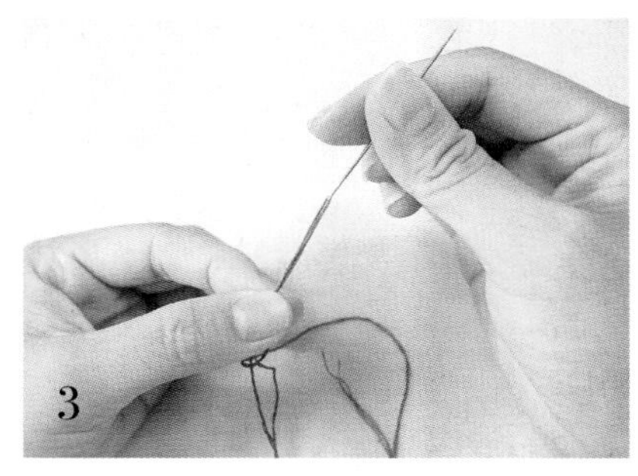

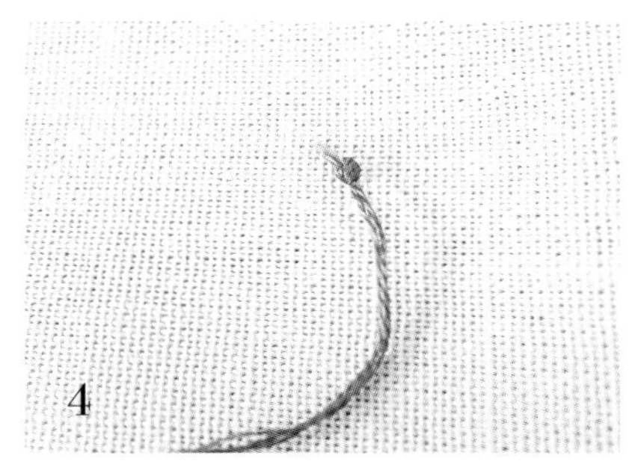

收尾 步驟

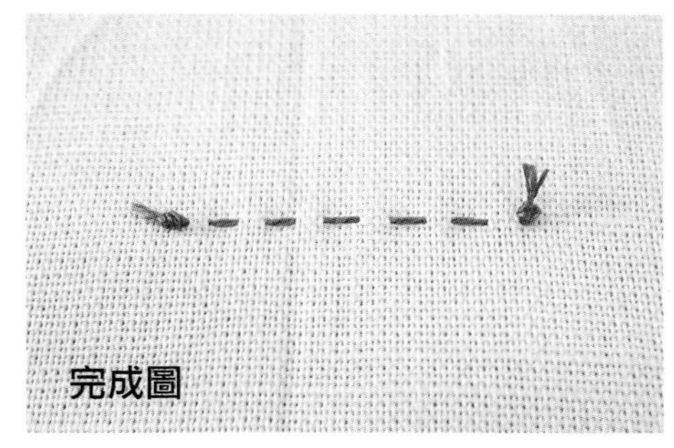
完成圖

1. 刺繡完畢，翻到反面，把針壓在出線口。
2. 將線在針上繞 2 ～ 3 圈。
3. 以手指壓住固定繞線處，抽針。
4. 打結完成，剪掉多餘的線。

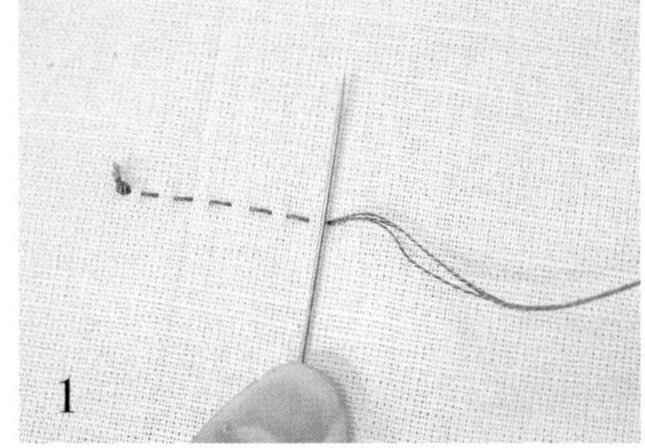

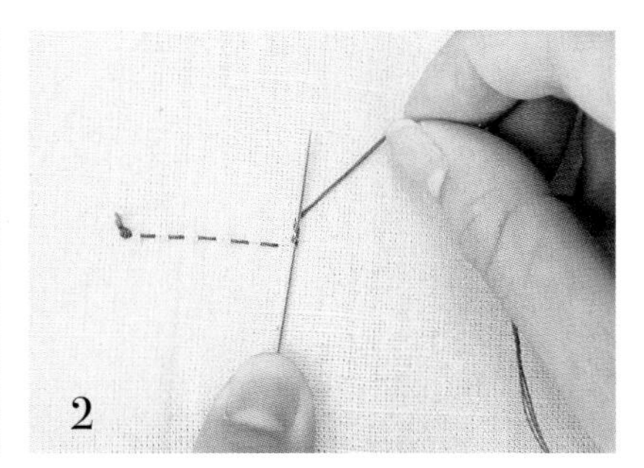

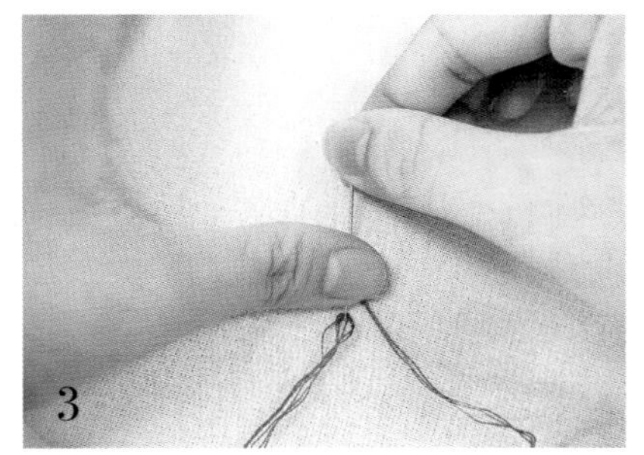

收納繡線　步驟

1

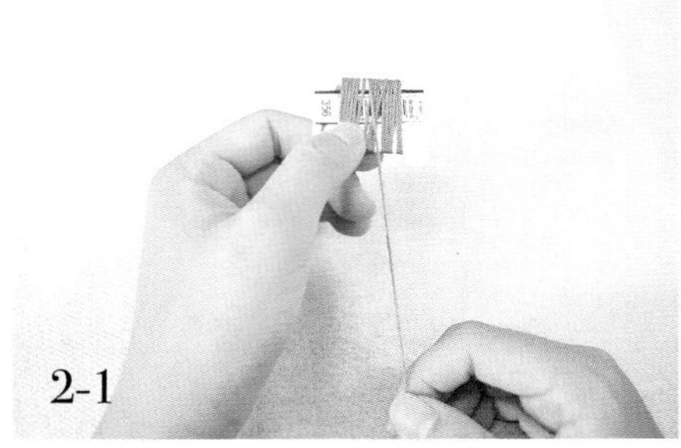
2-1

2-2

1. 用盒裝：通常用在收納已經是零散股數線時。雖然看起來像是整坨線，但其實使用時拉起線頭，完全不會打結唷！

2. 用線卡：如果收納一整條 6 股完整的繡線，使用卡片比較適合。將線繞在線卡上，記得保留線號，放入收納盒裡一目瞭然。

繡框內徑包布　步驟

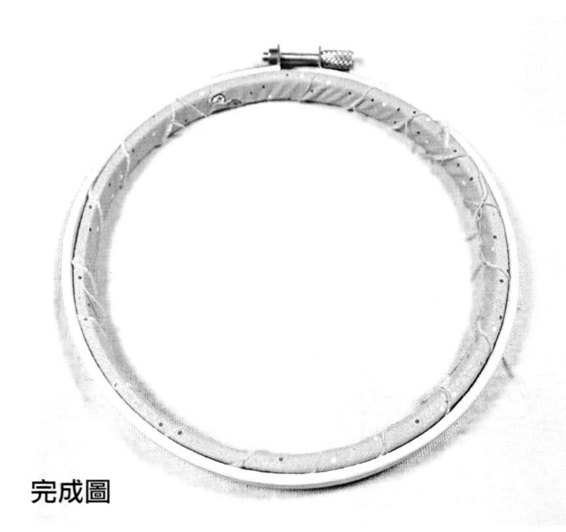
完成圖

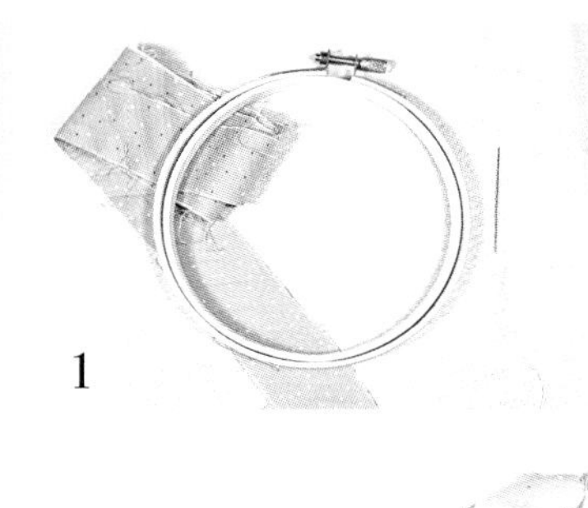
1

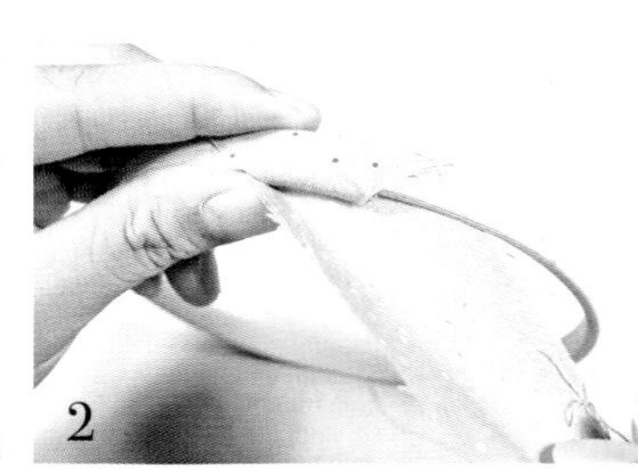
2

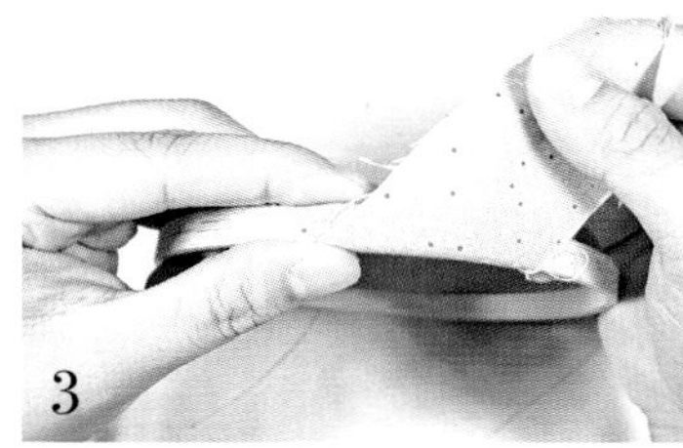
3

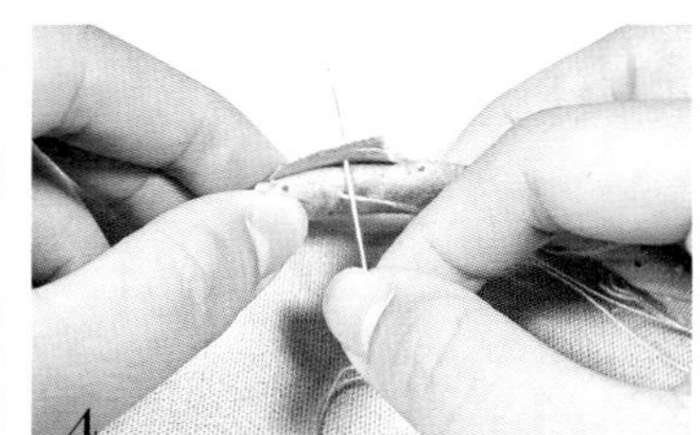
4

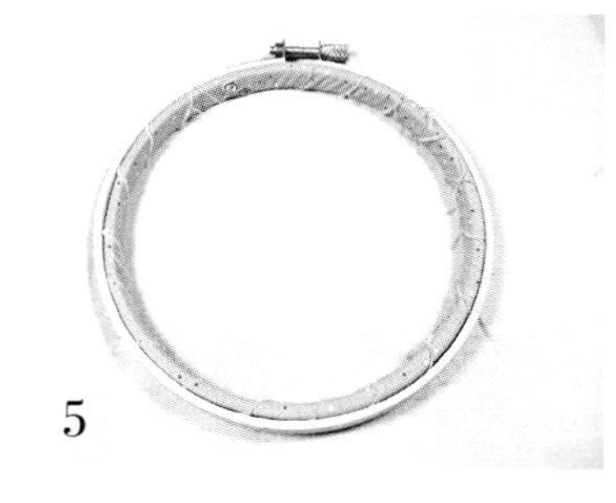
5

1. 準備一條寬約 2.5 或 3 公分的布條。
2. 沿著內徑將布斜擺包裹。
3. 過程中要出力包緊。
4. 最後使用針線，將布條尾端縫固定。
5. 完成後如圖片。

25 號繡線粗細的對照圖

本書的作品，皆使用法國DMC25號繡線，它的特色是由 6 條細線組成一束線，每束線總長約 800 公分。使用時會擷取適當的長度，以及取用需要的粗細，也可以同時使用 6 條細線組成的粗線刺繡，6 條線的名稱，通常稱為「股」。以下為不同股數在不同的刺繡針法比對：

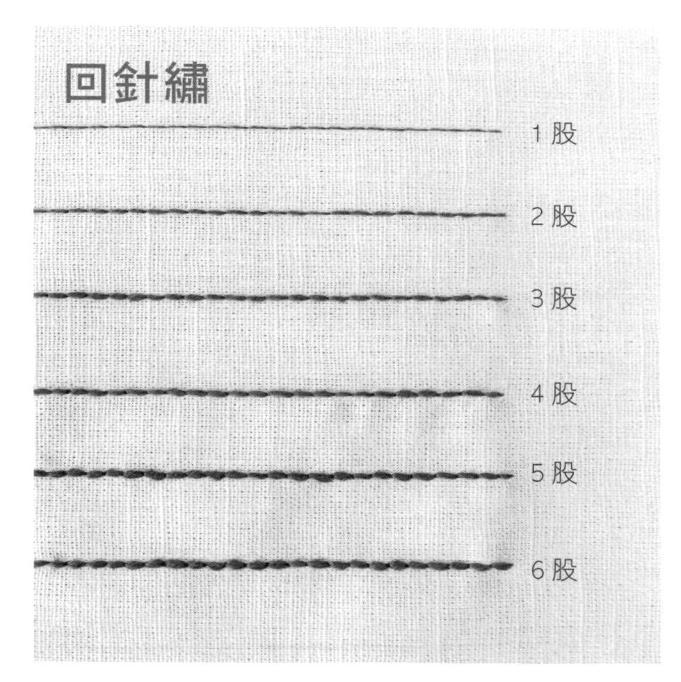

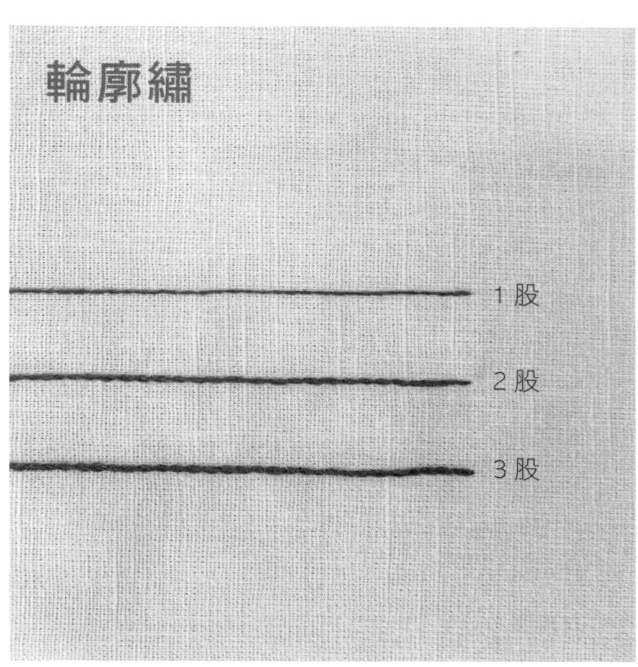

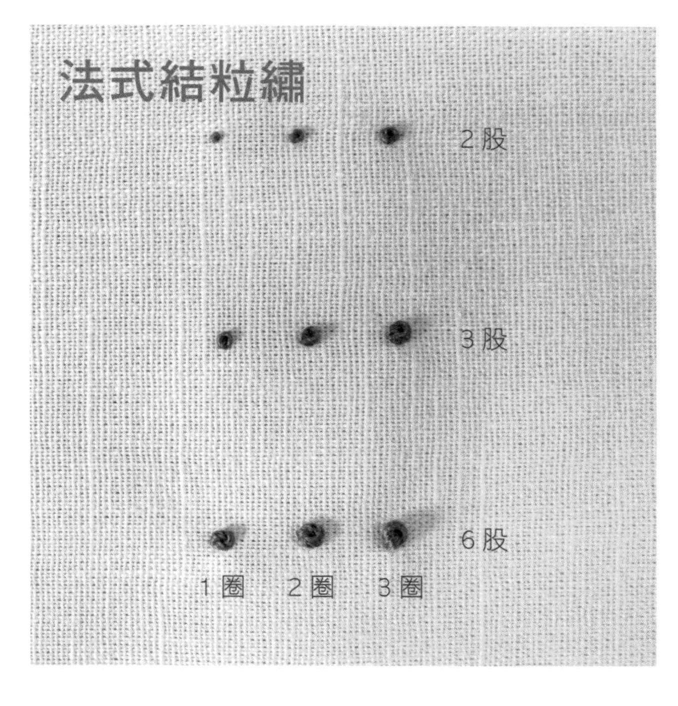

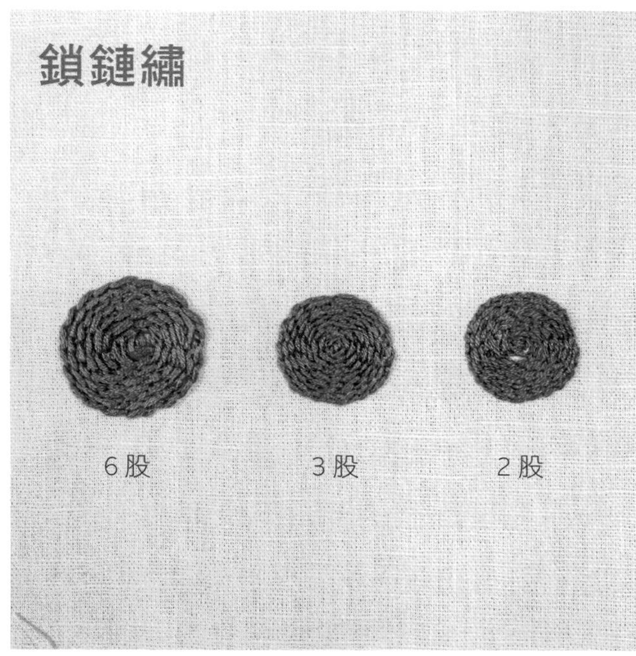

PART3 製作與繡圖版型

Designs, Tutorials and Patterns

這些繡圖都是百分之百尺寸，直接影印、轉印圖案就能開始製作了，非常方便且可以保存書籍。入門者可以從線條稿（不填色）開始操作。

浪漫風貓咪剪影

⑦ (2) 09
01
⑩ (1) 3031
02
② (1) 3031
⑦ (2) 3031
⑦ (2) 3021
03
④ (2) 3021
② (2) 3021
04
⑤ (1) 3857
⑦ (2) 3857
⑦ (2) 413
④ (2) 413
05
⑦ (2) 3857
06
④ (2) 3857
④ (2) 3857
⑦ (2) 413
④ (2) 413
07
② (2)413
⑦ (2) 09
② (1) 09
08
⑦ (2) 3021
09
② (1) 3021
⑥ (2) 3021

成品圖 p.8
設計&製作 施佩君&施樺珺

( ) 內數字代表使用繡線股數，例如：左頁圖中（1）為一股線，（2）為二股線操作。

數字表示繡線的色號，本書使用法國 DMC 繡線。

可愛瀏海喵星人

繡者介紹 / **施樺珺**

台南人，淡江大學法文系畢業。
日本手藝普及協會認證的刺繡講師，喜歡挪威刺繡（Hardanger），目前偶爾開班授課。本書中的繡圖皆為姊姊施佩君所繪。

成品圖 ✂ p.9
設計＆製作 ✂ 施佩君＆施樺珺

( ) 內數字代表使用繡線股數，例如：左頁圖中（1）為一股線，（2）為二股線操作。

數字表示繡線的色號，本書使用法國 DMC 繡線。

可愛瀏海喵星人

12
17
16
18

經典速寫喵星人

成品圖 p.10
成品圖 p.10

設計＆製作 施佩君＆施樺珺

- 數字表示繡線的色號，本書使用法國 DMC 繡線。
- 皆以一股線操作。
- 數字表示繡線的色號，本書使用法國 DMC 繡線。
- 可將繡圖描在和紙（好撕的紙）上，並將描好的紙固定於布上面繡，繡完之後，再小心地撕去紙。

高貴優雅氣質貓

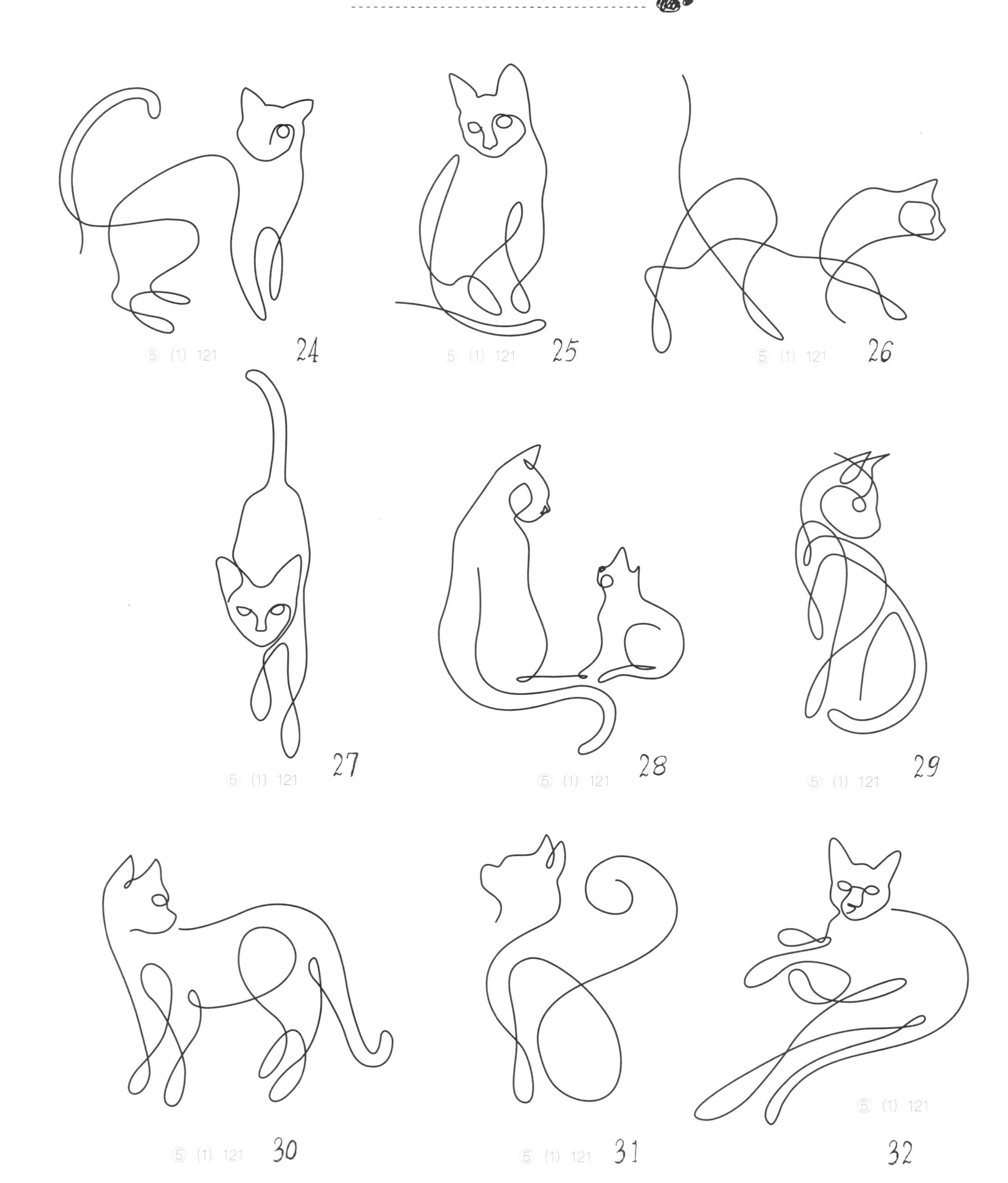
⑤ (1) 121
24
⑤ (1) 121
25
⑤ (1) 121
26
⑤ (1) 121
27
⑤ (1) 121
28
⑤ (1) 121
29
⑤ (1) 121
30
⑤ (1) 121
31
⑤ (1) 121
32

成品圖 p.11
設計＆製作 施佩君＆施樺珺

皆以回針縫、一股線操作。
皆使用法國 DMC 繡線 121 色號操作。

貓咪日常生活剪影

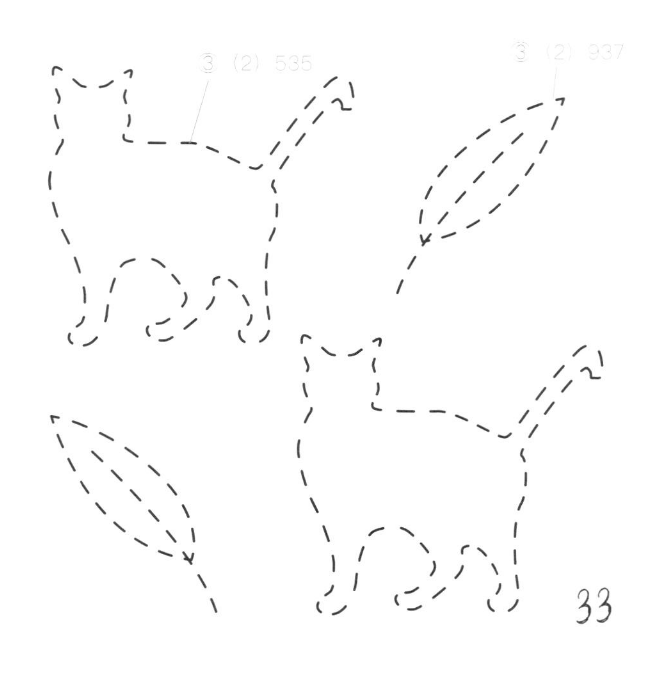

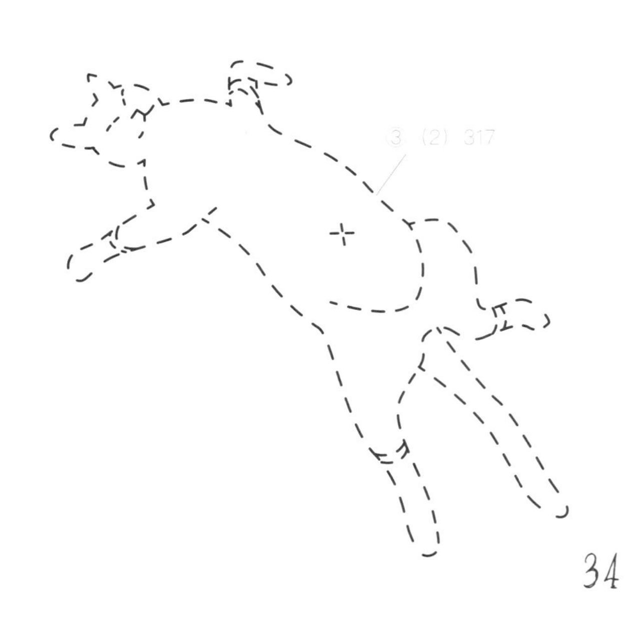

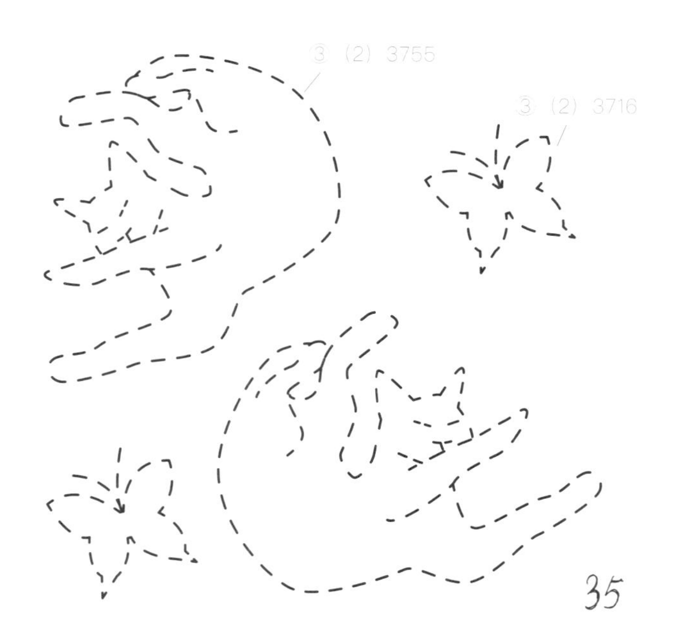

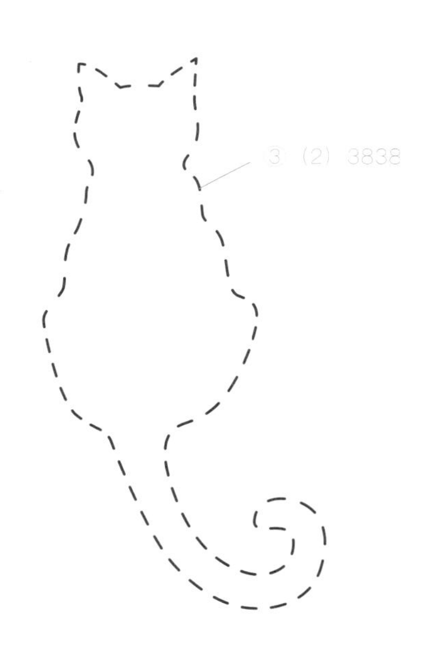

成品圖 **p.12**
設計＆製作 施佩君＆施樺珺

- 皆以二股線操作。
- 數字表示繡線的色號，本書使用法國 DMC 繡線。
- 除了繡線，也可用刺子繡專用繡線操作。

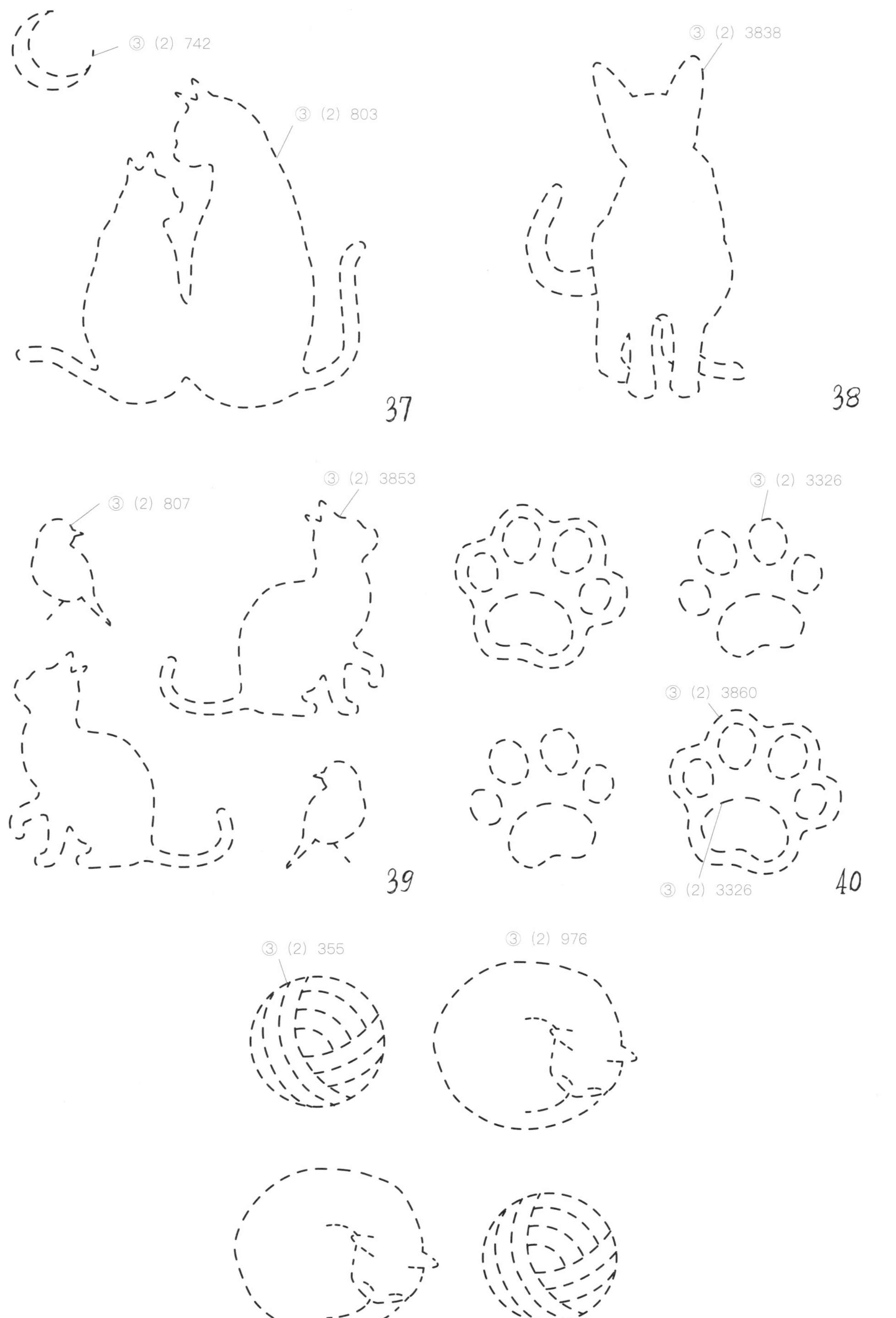
③ (2) 742
③ (2) 803
37
③ (2) 3838
38
③ (2) 807
③ (2) 3853
39
③ (2) 3326
③ (2) 3860
③ (2) 3326
40
③ (2) 355
③ (2) 976
41

貓咪日常生活剪影

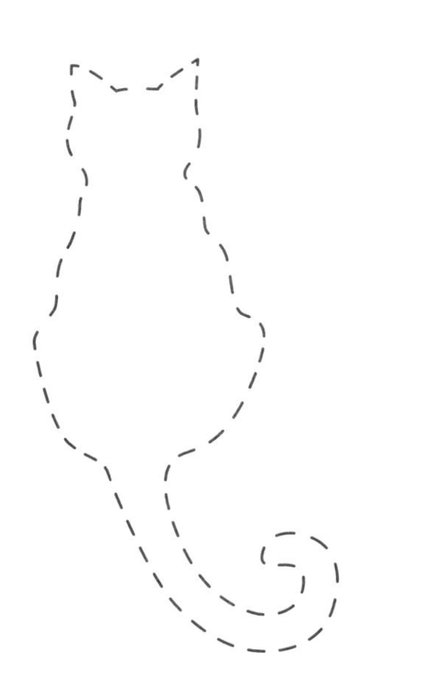

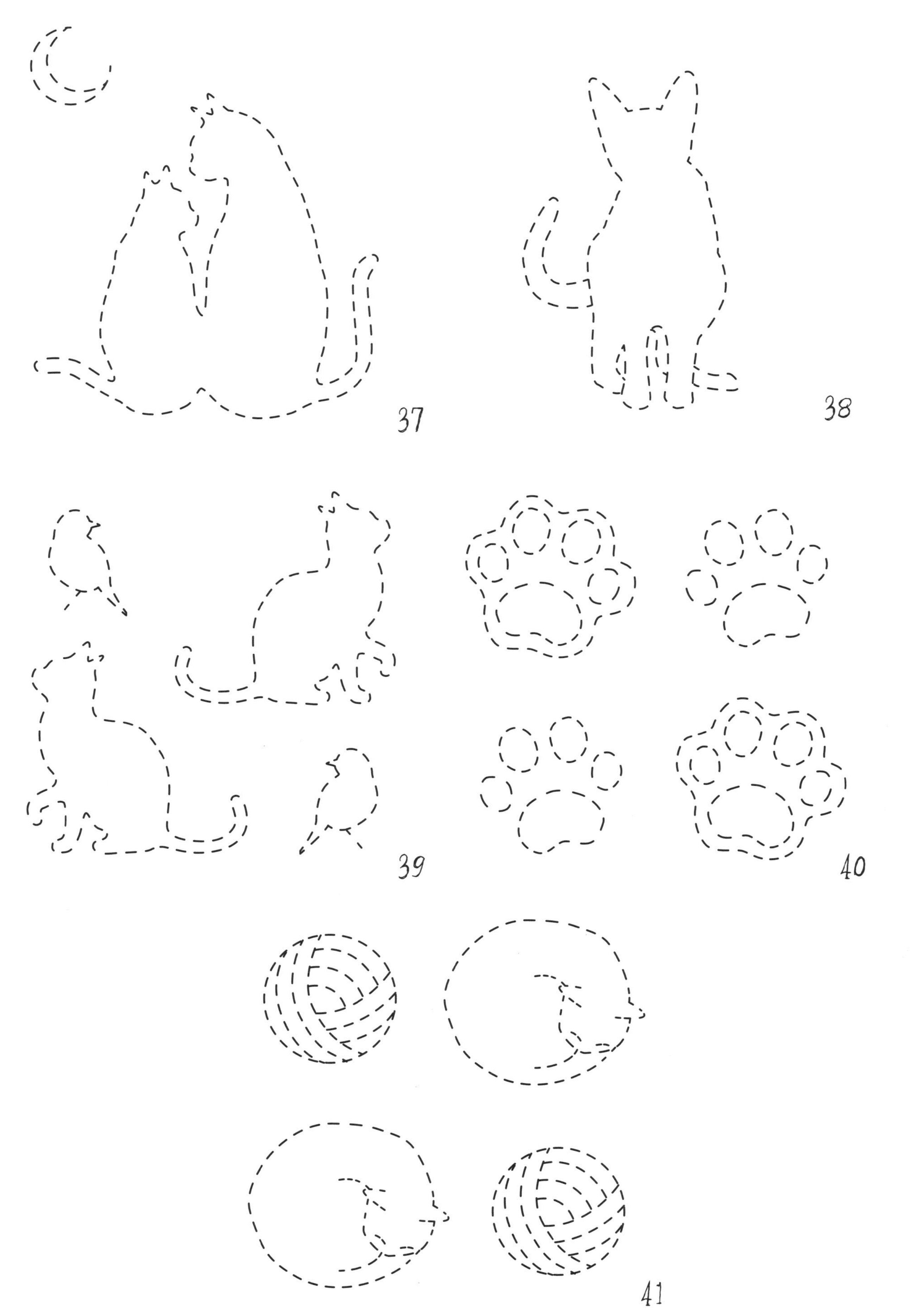
37
38
39
40
41

貓咪同班同學

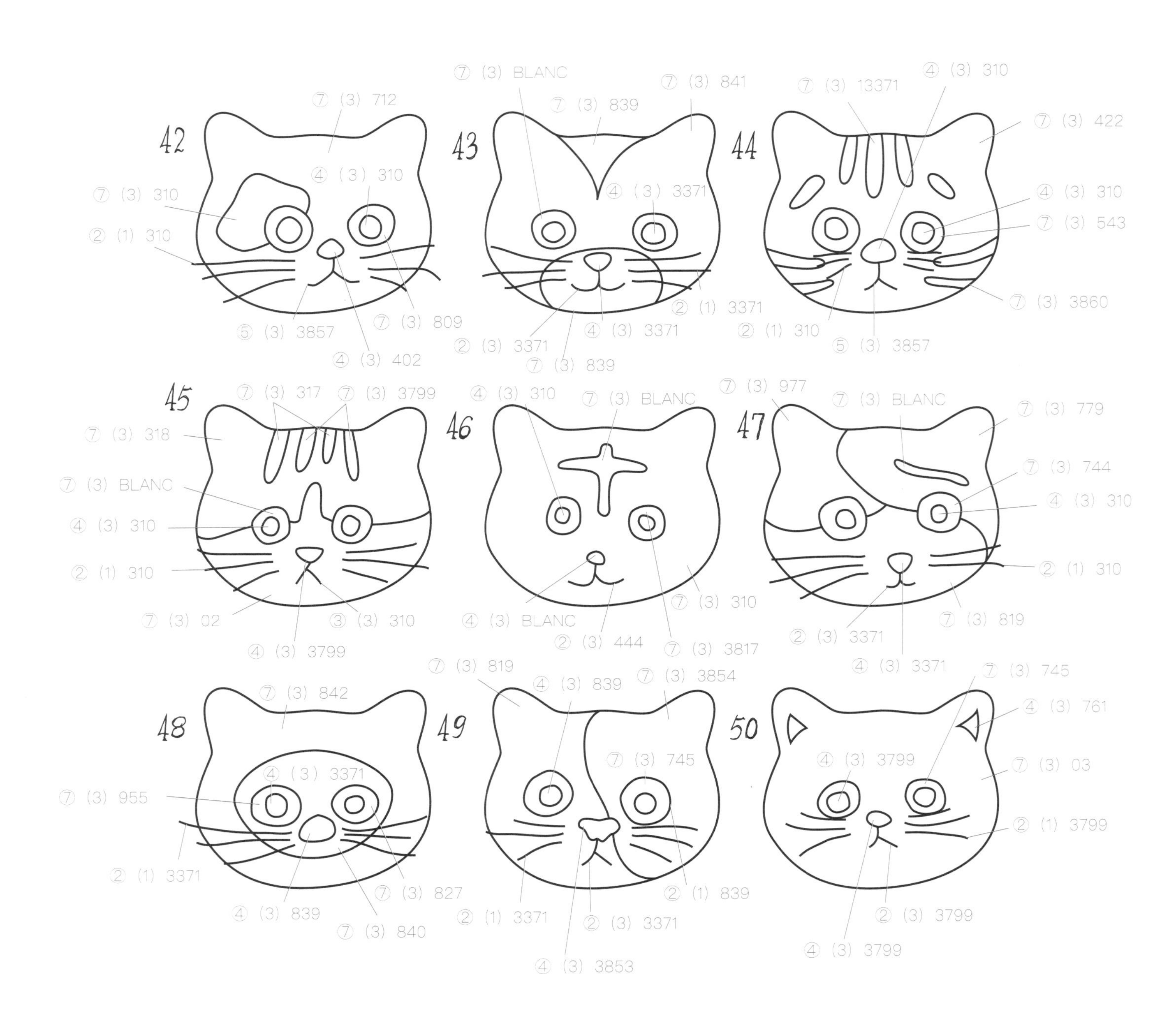
42
⑦ (3) 712
④ (3) 310
⑦ (3) 310
② (1) 310
⑤ (3) 3857
⑦ (3) 809
④ (3) 402
43
⑦ (3) BLANC
⑦ (3) 839
⑦ (3) 841
④ (3) 3371
② (1) 3371
② (3) 3371
④ (3) 3371
⑦ (3) 839
44
⑦ (3) 13371
④ (3) 310
⑦ (3) 422
④ (3) 310
⑦ (3) 543
⑦ (3) 3860
② (1) 310
⑤ (3) 3857
45
⑦ (3) 317
⑦ (3) 3799
⑦ (3) 318
⑦ (3) BLANC
④ (3) 310
② (1) 310
⑦ (3) 02
③ (3) 310
④ (3) 3799
46
④ (3) 310
⑦ (3) BLANC
⑦ (3) 310
④ (3) BLANC
② (3) 444
⑦ (3) 3817
47
⑦ (3) 977
⑦ (3) BLANC
⑦ (3) 779
⑦ (3) 744
④ (3) 310
② (1) 310
⑦ (3) 819
② (3) 3371
④ (3) 3371
48
⑦ (3) 842
④ (3) 3371
⑦ (3) 955
② (1) 3371
⑦ (3) 827
④ (3) 839
⑦ (3) 840
49
⑦ (3) 819
④ (3) 839
⑦ (3) 3854
⑦ (3) 745
② (1) 839
② (1) 3371
② (3) 3371
④ (3) 3853
50
⑦ (3) 745
④ (3) 761
④ (3) 3799
⑦ (3) 03
② (1) 3799
② (3) 3799
④ (3) 3799

成品圖 ✂ p.13
設計&製作 ✂ 施佩君&施樺珺

- （）內數字代表使用繡線股數，例如：左頁圖中（1）為一股線，（3）為三股線操作。
- 數字表示繡線的色號，本書使用法國 DMC 繡線。
- 建議眼睛、嘴巴、鼻子先製作。

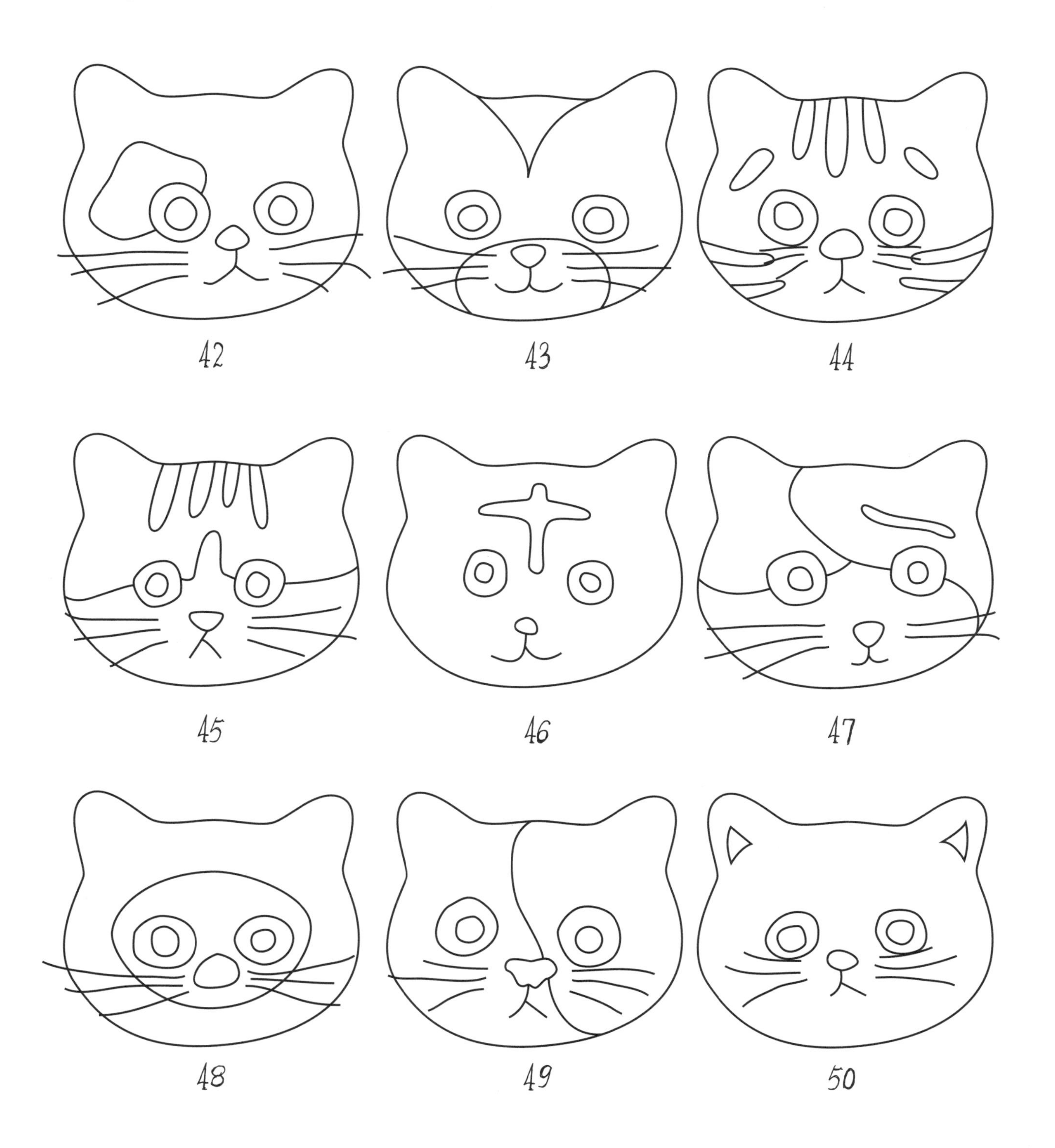

可愛笑臉喵星人

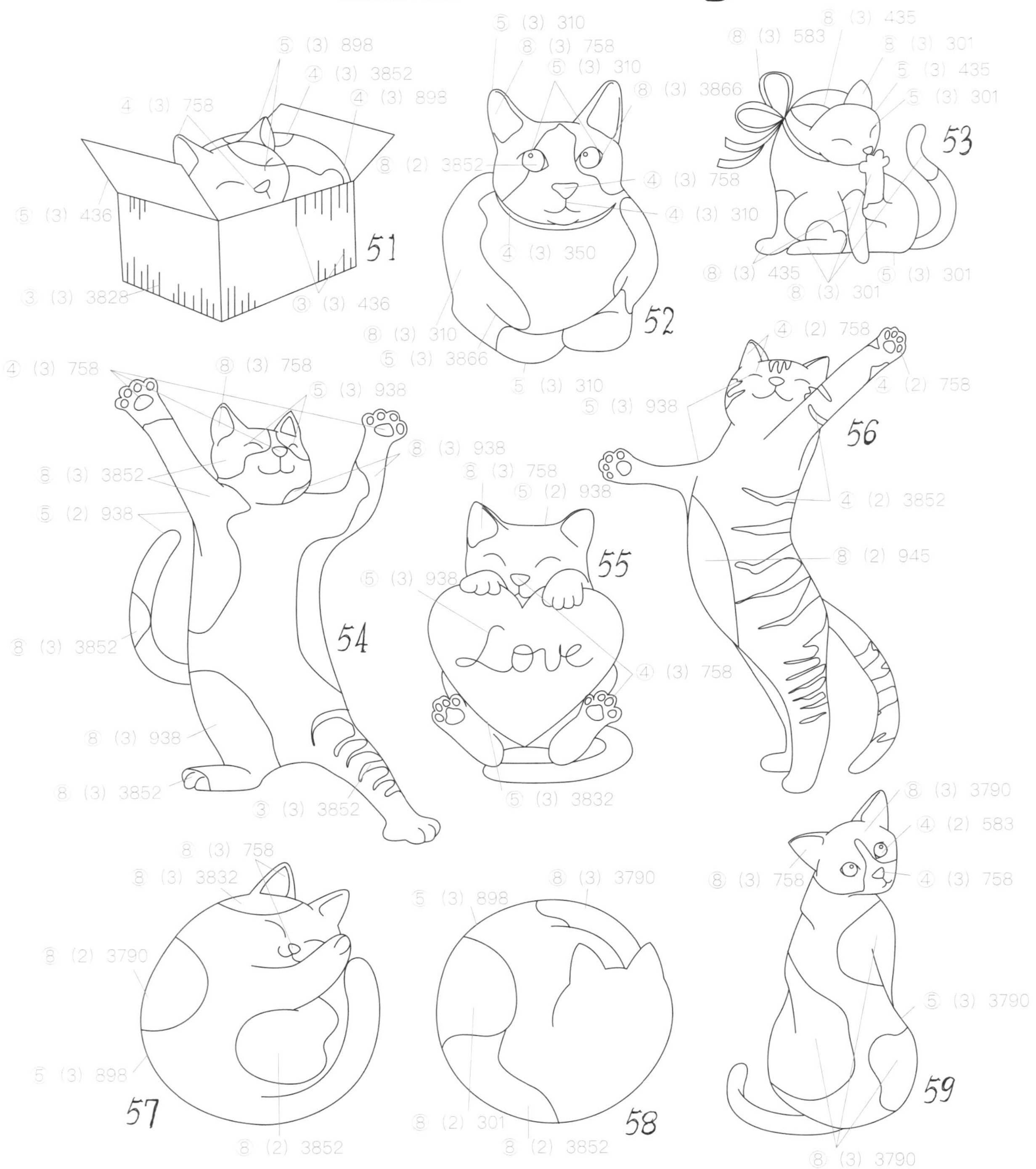

繡者介紹 / 楊孟欣

畢業於崑山科技大學視覺傳達設計研究所，當了多年的平面設計師，但又同時熱愛多媒體。目前經營個人品牌「Sophia Rose」，並持續在網路及出版品中販賣自己的夢想，在南部的各社區大學教授刺繡、裁縫與皮件製作。

成品圖 p.14
設計＆製作 楊孟欣

- （ ）內數字代表使用繡線股數，例如：左頁圖中（2）為二股線操作。
- 數字表示繡線的色號，本書使用法國 DMC 繡線。

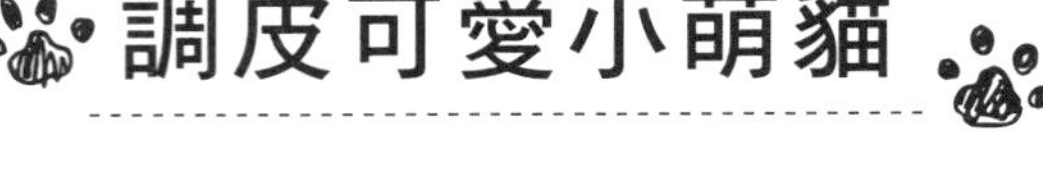
調皮可愛小萌貓

⑧ (2) 3790
⑧ (2) 729
⑧ (2) 3790
⑤ (2) 898
⑤ (2) 898
④ (2) 758
⑧ (2) 729
60
⑧ (2) 350
⑤ (2) 3790
⑤ (2) 758
61
⑤ (2) 898
62
④ (2) 758
⑤ (2) 898
⑤ (2) 898
64
63
④ (2) 758
⑧ (2) 3790
⑧ (2) 729
⑤ (2) 898
65
⑤ (2) 898
⑧ (2) 758
⑤ (2) 898
④ (2) 310
④ (2) 729
④ (2) 758
④ (2) 3866
⑤ (2) 898
⑧ (3) 350
66
④ (2) 898
67
⑧ (2) 898
④ (2) 3866
⑤ (2) 898
④ (2) 758
⑧ (2) 758
⑧ (2) 729
④ (2) 310
⑤ (2) 898
68

成品圖 p.15
設計＆製作 楊孟欣

（ ）內數字代表使用繡線股數，例如：左頁圖中（2）為二股線操作。

數字表示繡線的色號，本書使用法國 DMC 繡線。

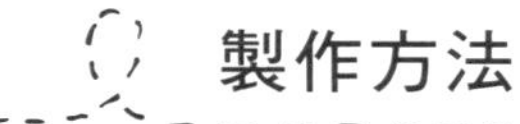

辛勤工作的貓咪

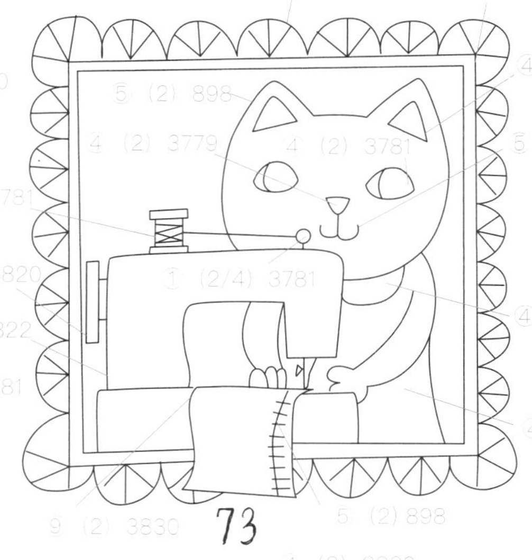

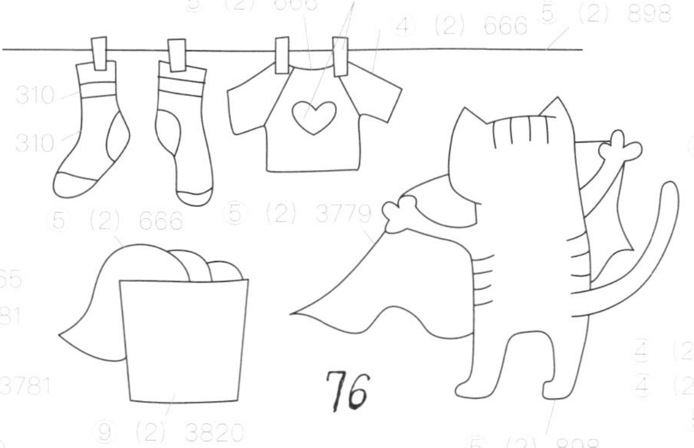

繡者介紹 / 邱翊萱＆杜貞臻

現為崑山科技大學視覺傳達設計系三年級生，在暑期來到 Sophia Rose 老師的工作室擔任實習生，幫忙完成了「辛勤工作的貓咪」&「享受節慶的喵星人」二件刺繡作品（見 p.16、p.18）。

成品圖 p.16
設計&製作 楊孟欣&邱翊萱

- （ ）內數字代表使用繡線股數，例如：左頁圖中（2）為二股線操作。
- 法式結粒繡中（2/4）代表二股線繞四圈。
- 數字表示繡線的色號，本書使用法國 DMC 繡線。

愛上園藝的貓咪

⑤ (2) 938
④ (2) 938
④ (2) 728
⑤ (2) 3862
① (2/2) 938
⑥ (2) 937
78
④ (2) 758
③ (2) 3862
④ (2) 758
⑤ (2) 3862
④ (2) 3862
① (2/3) 3862
⑨ (2) 822
④ (2) 351
⑥ (2) 758
① (2/2) 758
⑤ (2) 3862
⑥ (2) 3862
79
④ (2) 758
⑤ (2) 898
① (2/2) 3862
④ (2) 898
⑥ (2) 3862
① (2/1) 898
④ (2) 834
④ (2) 937
④ (2) 351
80
⑨ (2) 351
③ (2) 834
④ (2) 937
④ (2) 728
⑤ (2) 898
⑥ (2) 351
① (2/2) 351
④ (2) 898
④ (2) 351
④ (2) 351
⑤ (2) 937
⑥ (2) 937
④ (2) 898
④ (2) 758
① (2/3) 898
④ (2) 351
⑨ (2) 898
⑤ (2) 898
⑤ (2) 898
81
④ (2) 898
① (2/2) 728
⑥ (2) 937
⑥ (2) 758
⑤ (2) 3862
④ (2) 728
④ (2) 503
④ (2) 728
⑤ (2) 898
④ (2) 758
④ (2) 898
④ (2) 758
④ (2) 351
82
⑨ (2) 758
① (2/2) 758
⑤ (2) 3862
⑭ (2) 3823
⑭ (2) 3822
⑭ (2) 3852
⑤ (2) 3862
④ (2) 758
④ (2) 898
83
⑤ (2) 898
⑤ (2) 898
④ (2) 758
84
① (2/1) 898
④ (2) 351
⑥ (2) 503
④ (2) 758
⑤ (2) 503
④ (2) 937
④ (2) 503
⑥ (2) 937
④ (2) 351
⑤ (2) 937
④ (2) 728
④ (2) 758
⑥ (2) 937
④ (2) 351
⑤ (2) 937
⑤ (2) 898
④ (2) 758
⑤ (2) 898
① (2/1) 898
④ (2) 351
85
④ (2) 898
④ (2) 758
⑤ (2) 898
86
⑥ (2) 758
⑨ (2) 937
④ (2) 351
⑤ (2) 937
⑤ (2) 898
⑨ (2) 898
⑤ (2) 937

成品圖 p.17
設計＆製作 楊孟欣

- （ ）內數字代表使用繡線股數，例如：左頁圖中（2）為二股線操作。
- 法式結粒繡中（2/3）代表二股線繞三圈。
- 數字表示繡線的色號，本書使用法國 DMC 繡線。

享受節慶的喵星人

元宵
LOVE
E
開
日
快
樂
福
春
Happy New Year
Merry xmas!
87
88
89
90
91
92
93
94
95

成品圖 p.18
設計＆製作 楊孟欣＆杜貞臻

- （ ）內數字代表使用繡線股數，例如：左頁圖中（2）為二股線操作。
- 數字表示繡線的色號，本書使用法國 DMC 繡線。

十二星座喵星人

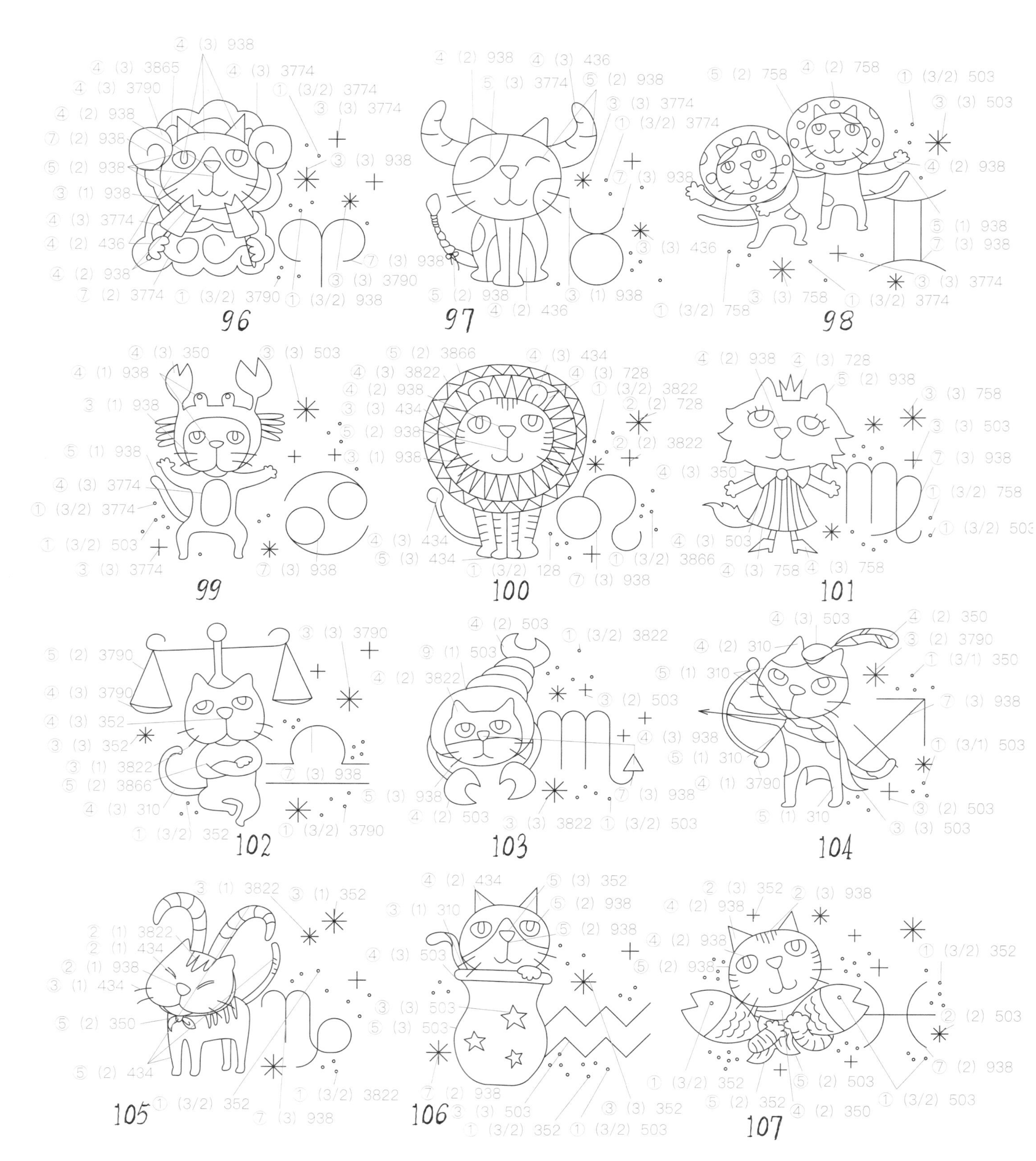

成品圖 p.19
設計＆製作 楊孟欣

- （ ）內數字代表使用繡線股數，例如：左頁圖中（1）為一股線操作。
- 法式結粒繡中（3/2）代表三股線繞二圈。
- 數字表示繡線的色號，本書使用法國 DMC 繡線。

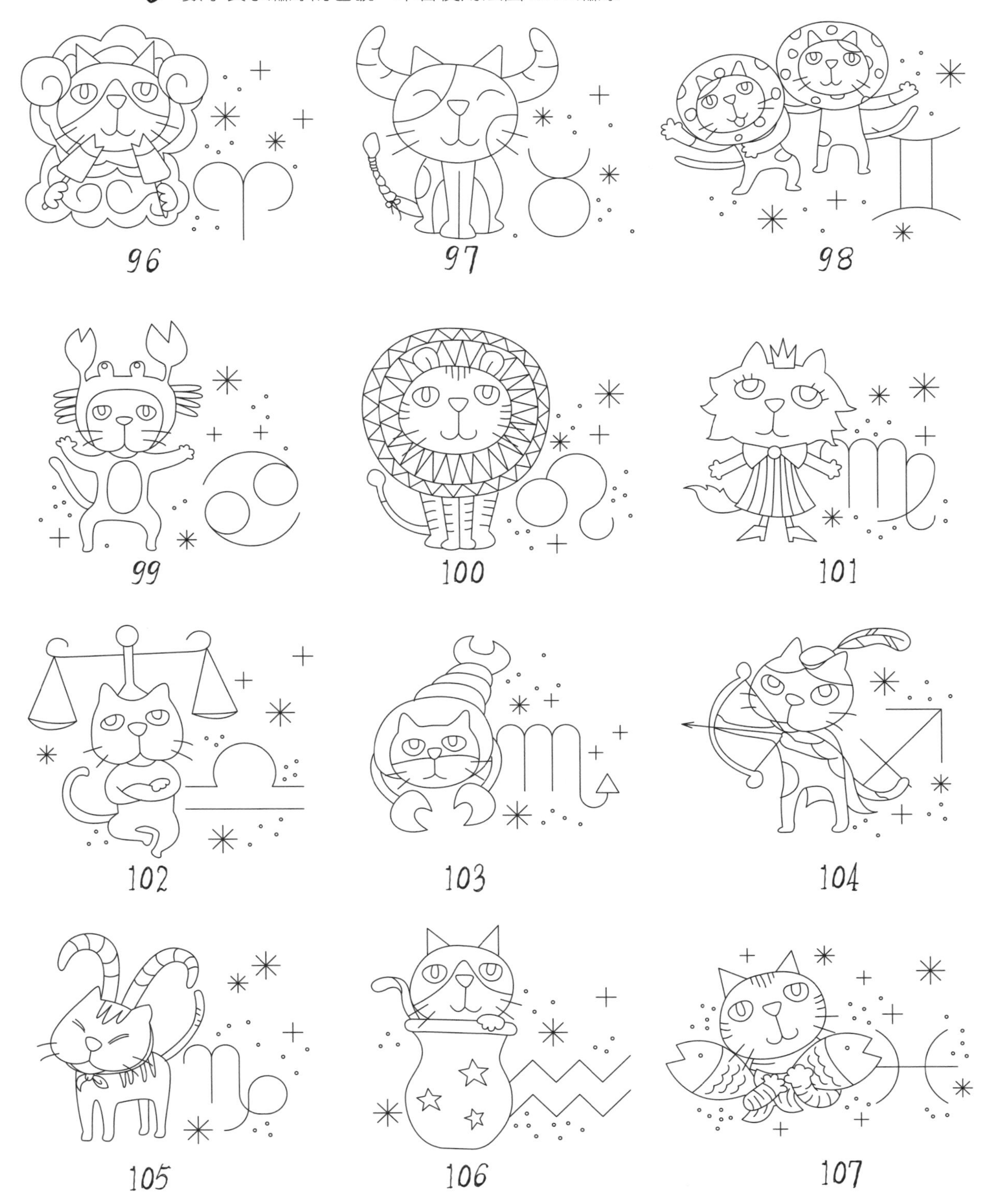

愛麗絲夢遊仙境童話貓

⑦ (2) 3750
④ (2) 823
④ (2) 310
④ (2) 3830
② (2) 823
⑦ (2) 3750
108
⑦ (2) 3750
⑦ (2) 3750
⑦ (2) 3830
⑦ (2) 729
② (2) 3790
④ (2) 3779
⑤ (2) 823
⑦ (2) 729
⑦ (2) 3830
109
④ (2) 3830
① (2/3) 3830
⑦ (2) 729
⑦ (2) 3750
⑤ (2) 3790
② (2) 3790
④ (2) 3779
② (2) 898
⑦ (2) 3830
⑤ (2) 729
⑥ (2) 729
⑦ (2) 3790
110
⑦ (2) 3750
⑦ (2) 3790
④ (2) 3830
④ (2) 729
② (2) 3790
④ (2) 3779
④ (2) 310
④ (2) 3790
⑦ (2) 898
⑦ (2) 3750
⑤ (2) 3830
⑦ (2) 3790
⑦ (2) 729
② (2) 898
⑦ (2) 3750
③ (2) 729
① (2/2) 729
111
④ (2) 3830
④ (2) 3779
⑤ (2) 898
⑦ (2) 3750
② (2) 3790
④ (2) 729
⑦ (2) 3790
112
② (2) 729
⑥ (2) 729
⑦ (2) 3830
⑦ (2) 729
④ (2) 3830
① (2/3) 729
② (2) 898
⑤ (2) 3750
④ (2) 3830
113
⑦ (2) 3830
④ (2) 898
② (2) 898
④ (2) 310
① (2/2) 898
③ (2) 898
④ (2) 3830
114
⑦ (2) 310
⑦ (2) 3790
⑦ (2) 3830
115
② (2) 898
⑦ (2) 3830
⑦ (2) 729
⑦ (2) 3830
⑦ (2) 3830
⑤ (2) 3750
116
② (2) 898

成品圖 p.20
設計＆製作 楊孟欣

- （ ）內數字代表使用繡線股數，例如：左頁圖中（2）為二股線操作。
- 數字表示繡線的色號，本書使用法國 DMC 繡線。

小紅帽童話貓

② (3) 898
⑨ (3) 3820
④ (2) 898
② (2) 898
③ (2) 3820
② (2) 898
② (2) 3820
③ (2) 898
② (2) 898
③ (2) 898
117
② (2) 898
③ (2) 898
④ (2) 758
118
⑦ (6) 922
⑦ (2) 898
④ (2) 758
② (2) 898
④ (2) 898
⑦ (6) 922
⑤ (2) 898
④ (2) 350
⑪ (2) 3866
⑪ (2) 937
④ (2) 3830
119
⑦ (6) 3830
② (6) 922
② (6) 3790
2 (6) 3790
120
④ (2) 3830
④ (2) 758
⑨ (2) 3830
⑦ (2) 898
⑤ (2) 898
④ (2) 758
④ (2) 898
⑦ (2) 3790
④ (2) 898
⑫ (2) 792
② (2) 3790
⑫ (2) 350
⑤ (2) 758
② (2) 937
⑥ (2) 937
④ (2) 898
④ (2) 729
① (3/3) 729
④ (2) 729
④ (2) 3830
121
② (6) 922
⑦ (6) 3830
② (6) 3790
② (6) 3790
122
④ (2) 898
② (2) 898
④ (2) 758
⑨ (2) 3830
⑤ (2) 898
④ (2) 758
⑤ (2) 898
④ (2) 729
④ (2) 3790
④ (2) 758
⑦ (2) 3830
⑥ (2) 937
⑤ (2) 937
④ (2) 3830
123
④ (2) 503
② (2) 898
④ (2) 758
④ (2) 758
③ (2) 898
⑨ (2) 310
⑦ (2) 729
③ (2) 3866
① (2/1) 3866
④ (2) 898
124
② (2) 729
③ (2) 729
④ (2) 503
④ (2) 758
② (2) 898
④ (2) 898
⑤ (2) 898
④ (2) 898
④ (2) 758
④ (2) 898
④ (2) 3790
⑤ (2) 3790
⑤ (2) 898
④ (2) 503
④ (2) 898
125

成品圖 p.21
設計＆製作 楊孟欣

- （ ）內數字代表使用繡線股數，例如：左頁圖中（6）為六股線操作。
- 法式結粒繡中（3/3）代表三股線繞三圈。
- 數字表示繡線的色號，本書使用法國 DMC 繡線。

綠野仙蹤童話貓

5 (2) 930
4 (2) 3866
9 (2) 3866
4 (2) 3830
9 (2) 930
126
1 (2/3) 729
4 (2) 729
4 (2) 758
4 (2) 898
3 (2) 729
5 (2) 898
9 (2) 3830
127
4 (2) 898
4 (2) 350
4 (2) 3021
4 (2) 350
5 (2) 3021
7 (2) 3021
5 (2) 758
4 (2) 930
4 (2) 758
5 (2) 930
128
3 (2) 3021
9 (2) 310
4 (2) 758
5 (2) 310
5 (2) 3021
4 (2) 729
129
5 (2) 3021
5 (2) 758
1 (2/2) 729
5 (2) 930
4 (2) 758
5 (2) 729
5 (2) 898
4 (2) 758
4 (2) 945
4 (2) 729
5 (2) 930
5 (2) 503
130
3 (2) 930
9 (2) 3346
4 (2) 758
4 (2) 898
5 (2) 898
4 (2) 729
5 (2) 898
9 (2) 3346
131
4 (2) 3828
5 (2) 898
4 (2) 3346
5 (2) 729
4 (2) 898
3 (2) 729
4 (2) 922
5 (2) 922
4 (2) 758
3 (2) 898
132
9 (2) 729
4 (2) 898
4 (2) 350
4 (2) 3021
5 (2) 3021
5 (2) 898
9 (2) 729
3 (2) 729
133
5 (2) 3021
4 (2) 758
5 (2) 945
5 (2) 898
3 (2) 758
N
5 (2) 729
5 (2) 758
134

成品圖 p.22
設計＆製作 楊孟欣

（ ）內數字代表使用繡線股數，例如：左頁圖中（2）為二股線操作。

數字表示繡線的色號，本書使用法國 DMC 繡線。

祝福文字貓

⑦ (2) ECRU
⑦ (2) ECRU
best wish for you
135
⑦ (2) 758
⑦ (2) ECRU
生日快樂
⑦ (2) ECRU
136
④ (2) 351
④ (2) ECRU
④ (2) 3820
④ (2) 758
④ (2) 3820
④ (2) 758
④ (2) 351
⑤ (2) 3021
④ (2) 758
⑤ (2) 3021
137
⑤ (2) 3021
⑦ (2) 3021
④ (2) 758
⑤ (2) 3021
④ (2) ECRU
④ (2) ECRU
④ (2) 3820
⑤ (2) 3820
④ (2) 351
⑦ (2) 351
HELLO
⑦ (2) 351
⑦ (2) ECRU
140
Good Time
⑦ (2) 3820
⑤ (2) 3820
138
139
④ (2) 3021
① (2/2) 3021
⑦ (2) 351
⑤ (2) 3021
④ (2) 3021
⑤ (2) ECRU
⑦ (2) 3820
⑤ (2) 3820
⑦ (2) 3021
A Good Day
⑤ (2) 3820
⑦ (2) ECRU
141
⑤ (2) ECRU
④ (2) ECRU
⑤ (2) ECRU
⑦ (2) 3820
⑦ (2) ECRU
143
Well done
好好吃飯
好好睡覺
⑤ (2) ECRU
⑤ (2) 3021
⑤ (2) 3021
⑤ (2) ECRU
142

成品圖 p.23
設計＆製作 楊孟欣

（ ）內數字代表使用繡線股數，例如：左頁圖中（2）為二股線操作。

數字表示繡線的色號，本書使用法國 DMC 繡線。

超實用貓圖案文字

4 (2) 822
7 (2) 822
You can do it
4 (2) 822
144
6 (2) 898
5 (2) 898
4 (2) 898
I missing you, so much.
145
1 (2/2) 822
7 (2) 822
4 (2) 930
147
4 (2) 930
5 (2) 898
HAPPY mother's DAY
148
7 (2) 822
HELLO
The game is on
146
4 (2) 898
7 (2) 930
2 (2) 930
4 (2) 930
WELCOME
5 (2) 930
4 (2) 930
149
4 (2) 930
1 (2/2) 930
4 (2) 898
152
2 (2) 930
5 (2) 898
7 (2) 822
7 (2) 930
Thank you
6 (2) 930
5 (2) 930
perfect
1 (2/2) 930
2 (2) 930
7 (2) 822
just for you
150
151

成品圖 p.24
設計＆製作 楊孟欣

- （ ）內數字代表使用繡線股數，例如：左頁圖中（2）為二股線。
- 法式結粒繡中（3/2）代表三股線繞二圈。
- 數字表示繡線的色號，本書使用法國 DMC 繡線。

超實用貓圖案文字

④ (2) 758
⑤ (2) 758
⑤ (2) 758
Do you ?
me
153
⑤ (2) 834
⑦ (2) 834
① (2/2) 834
Good Job
① (2/3) 834
⑤ (2) 834
① (2/1) 834
⑥ (2) 834
④ (2) 834
154
④ (2) 834
I
Will
④ (2) 3866
do all I
④ (2) 834
Can
⑦ (2) 834
155
⑦ (2) 758
④ (2) 758
⑤ (2) 758
貓奴聯盟
④ (2) 758
156
⑤ (2) 758
I
U
④ (2) 758
① (2/2) 758
④ (2) 758
⑤ (2) 758
157
⑤ (2) 758
⑦ (2) 3866
⑦ (2) 834
All the best!
158
③ (2) 3866
④ (2) 3866
② (2) 3866
⑤ (2) 3866
YOU ARE MY DESTINY
159
⑦ (2) 3866
回家
⑦ (2) 3866
⑦ (2) 834
160
⑦ (2) 834
Good Luck
抱貓
161

成品圖 p.25
設計&製作 楊孟欣

( ) 內數字代表使用繡線股數，例如：左頁圖中（2）為二股線。
法式結粒繡中（2/2）代表二股線繞二圈。
數字表示繡線的色號，本書使用法國 DMC 繡線。

經典圖案寫實貓

③ (1) 3846
③ (1) 844
③ (1) 310
③ (1) 352
③ (1) 642
③ (1) 3865
③ (1) 844
③ (1) 822
③ (1) 642
③ (1) 844
③ (1) 822
③ (1) 642
③ (1) 642
③ (1) 844
③ (1) 844
② (1) 310
③ (1) 642
③ (1) 844
③ (1) 642
③ (1) 644
③ (1) 642
③ (1) 822
③ (1) 3865
③ (1) 3865
③ (1) 642
162
③ (1) 822
③ (1) 310
③ (1) 3033
③ (1) 3021
③ (1) 842
③ (1) 3866
③ (1) 3866
③ (1) 842
③ (1) BLANCE
③ (1) 3866
③ (1) 3866
③ (1) 352
③ (1) 3046
③ (1) BLANCE
③ (1) 3021
③ (1) 352
③ (1) 3866
③ (1) 3866
③ (1) 842
③ (1) 3866
③ (1) 841
③ (1) 3866
③ (1) 842
③ (1) BLANCE
163
③ (1) 824
③ (1) 840
③ (1) 162
③ (1) 840
③ (1) 543
③ (1) 543
③ (1) 841
③ (1) 3866
③ (1) 3866
③ (1) 842
③ (1) 3371
③ (1) 842
③ (1) BLANC
③ (1) 841
③ (1) 162
③ (1) 841
③ (1) 352
③ (1) 842
③ (1) 3371
③ (1) 842
③ (1) 543
③ (1) 842
③ (1) 842
③ (1) 3866
③ (1) 543
③ (1) 842
③ (1) 3866
164
③ (1) 3865
③ (1) 543
③ (1) 869
③ (1) 3828
③ (1) 869
③ (1) 3828
③ (1) 422
③ (1) 3021
③ (1) 3828
③ (1) 422
③ (1) 3828
③ (1) 3828
③ (1) 3021
③ (1) 869
③ (1) 422
③ (1) 3828
③ (1) 420
③ (1) 3021
③ (1) 3021
③ (1) 869
③ (1) 869
③ (1) 869
③ (1) 3021
③ (1) 3828
③ (1) ECRU
③ (1) 842
③ (1) 3828
③ (1) 3021
③ (1) 3021
③ (1) 3021
③ (1) 3828
③ (1) 869
③ (1) 869
165
③ (1) 3033
② (1) 644
③ (1) 842
③ (1) 844
③ (1) 844
③ (1) 3033
③ (1) 844
③ (1) 841
③ (1) 842
③ (1) 3021
③ (1) 3021
③ (1) 841
③ (1) 842
③ (1) 3866
③ (1) 3866
③ (1) 3033
③ (1) 3033
③ (1) 842
③ (1) 841
② (1) 310
③ (1) 842
② (1) 310
③ (1) 310
③ (1) 310
③ (1) 3852
166
③ (1) 3852
③ (1) 840
③ (1) 842
③ (1) 840
③ (1) 3021
③ (1) 840
③ (1) 3033
③ (1) 840
③ (1) 840
③ (1) 842
③ (1) 841
③ (1) 842
③ (1) 840
③ (1) 3021
③ (1) 3033
③ (1) 841
③ (1) 840
③ (1) 3799
③ (1) 310
③ (1) 3799
③ (1) 3799
③ (1) BLANCE
③ (1) 3046
③ (1) 3046
③ (1) 310
③ (1) 3799
③ (1) 310
③ (1) BLANCE
③ (1) 352
③ (1) 3866
③ (1) 3799
③ (1) BLANCE
③ (1) 3841
③ (1) 648
③ (1) 3799
③ (1) 3799
③ (1) 310
③ (1) 310
③ (1) 3799
167
③ (1) 3799
③ (1) 648
③ (1) BLANCE

成品圖 p.26
設計＆製作 楊孟欣

（ ）內數字代表使用繡線股數，例如：左頁圖中（1）為一股線操作。

數字表示繡線的色號，本書使用法國 DMC 繡線。

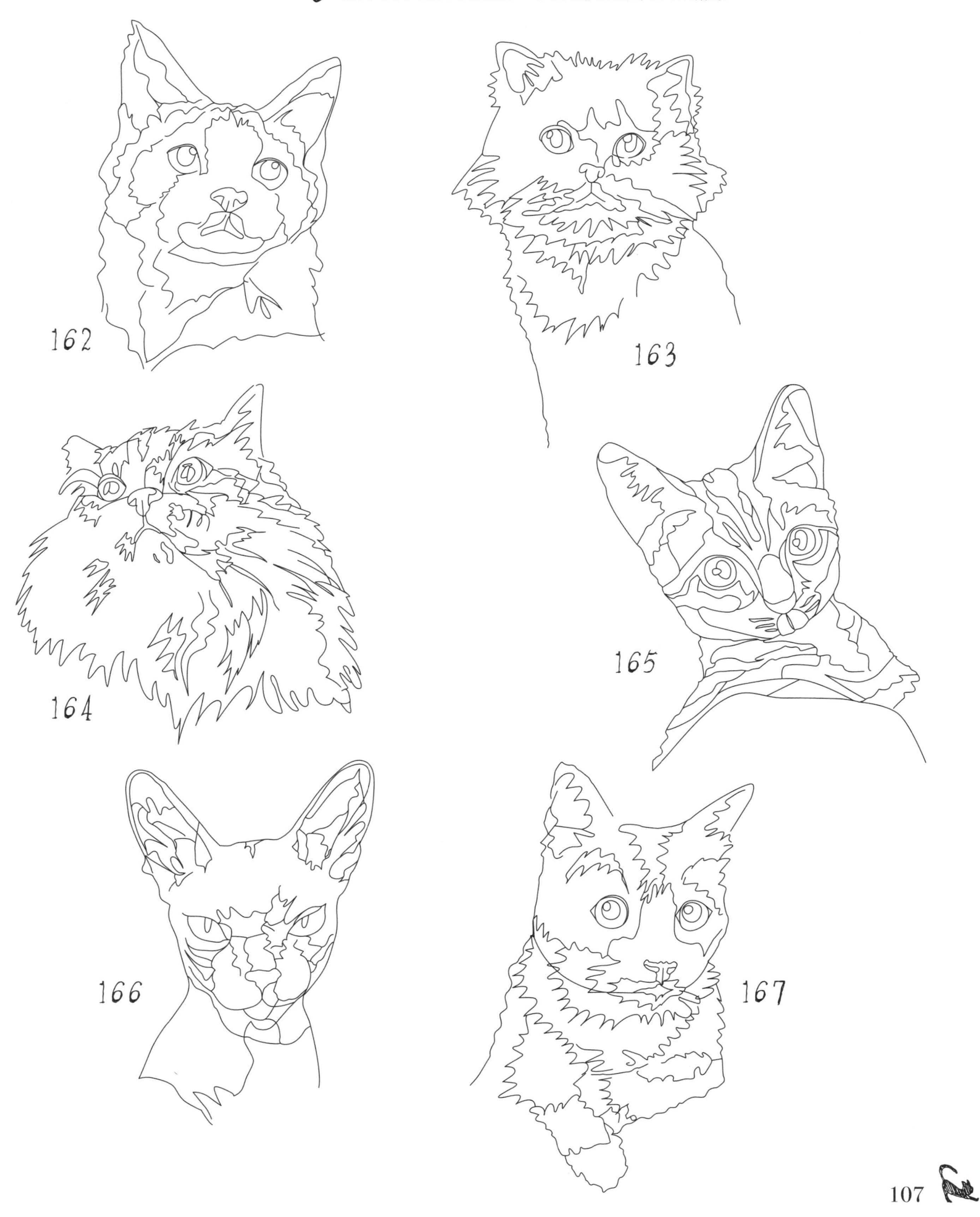

貓咪圖案花邊

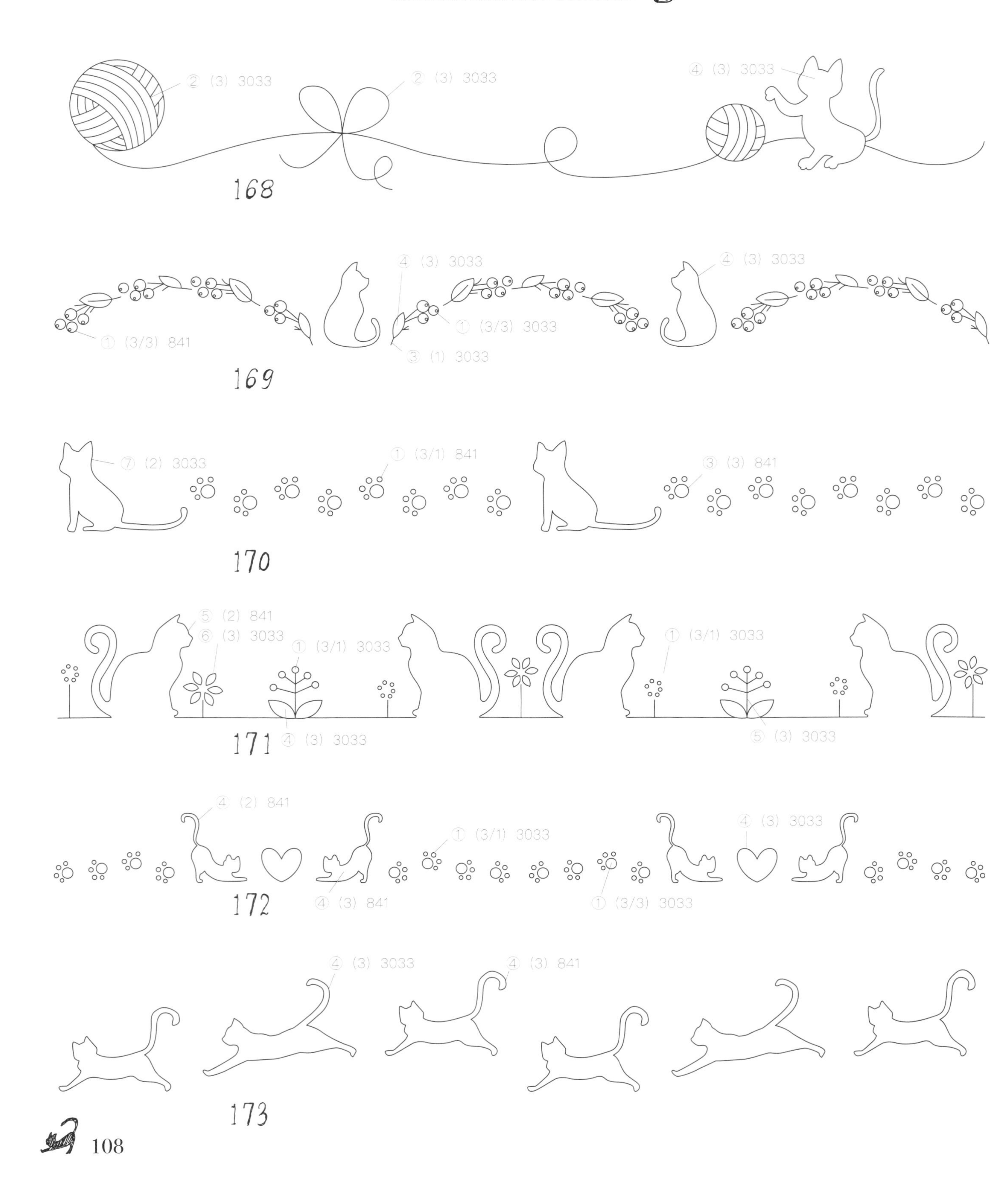
② (3) 3033
② (3) 3033
④ (3) 3033
168
④ (3) 3033
④ (3) 3033
① (3/3) 3033
① (3/3) 841
③ (1) 3033
169
⑦ (2) 3033
① (3/1) 841
③ (3) 841
170
⑤ (2) 841
⑥ (3) 3033
① (3/1) 3033
① (3/1) 3033
171
④ (3) 3033
⑤ (3) 3033
④ (2) 841
① (3/1) 3033
④ (3) 3033
172
④ (3) 841
① (3/3) 3033
④ (3) 3033
④ (3) 841
173

成品圖 p.28
設計＆製作 楊孟欣

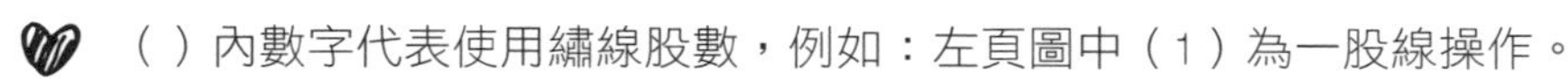

- （ ）內數字代表使用繡線股數，例如：左頁圖中（1）為一股線操作。
- 法式結粒繡中（3/1）代表三股線繞一圈。
- 數字表示繡線的色號，本書使用法國 DMC 繡線。

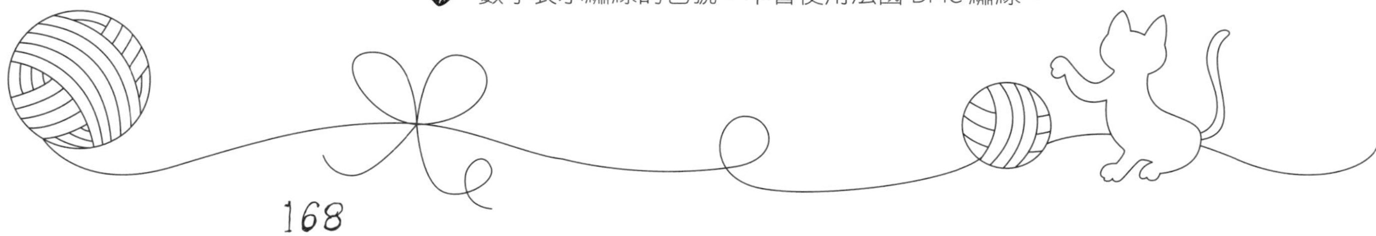

168

169

170

171

172

173

貓咪圖案花邊

174
175
176
177
178
179
2 (2) 3033
4 (2) 3790
4 (2) 3033
5 (2) 3790
5 (2) 3033
6 (2) 3033
1 (2/3) 3033
1 (2/3) 3790
4 (3) 3790
2 (3) 3033
2 (2) 3799
6 (2) 3033
長短繡 (3) 3790

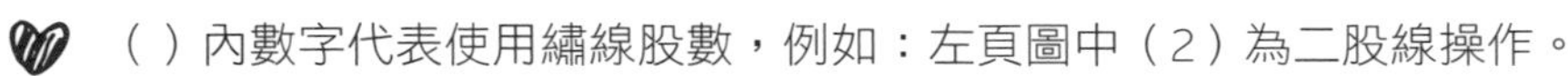

成品圖 p.29
設計＆製作 楊孟欣

- （ ）內數字代表使用繡線股數，例如：左頁圖中（2）為二股線操作。
- 法式結粒繡中（2/3）代表二股線繞三圈。
- 數字表示繡線的色號，本書使用法國 DMC 繡線。

174

175

176

177

活潑俏皮字母貓

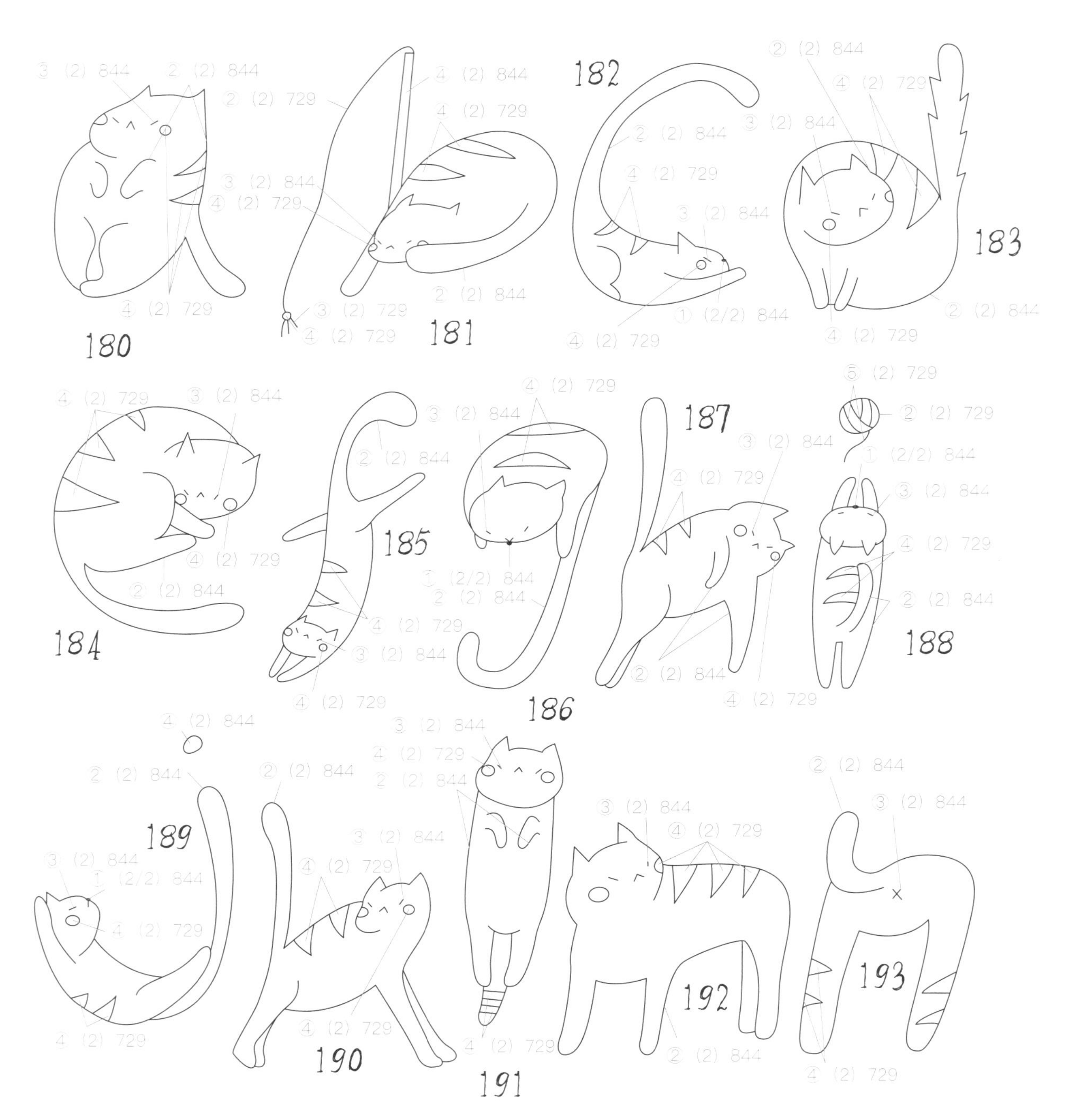

繡者介紹 / 林倩誼

高雄人，畢業於崑山科技大學視覺傳達設計系。
目前為自由插畫工作者，偶爾出現在市集擺攤。喜歡植物、大自然，常將這些元素呈現在畫作中；喜歡畫生活，更愛畫天馬行空的故事。

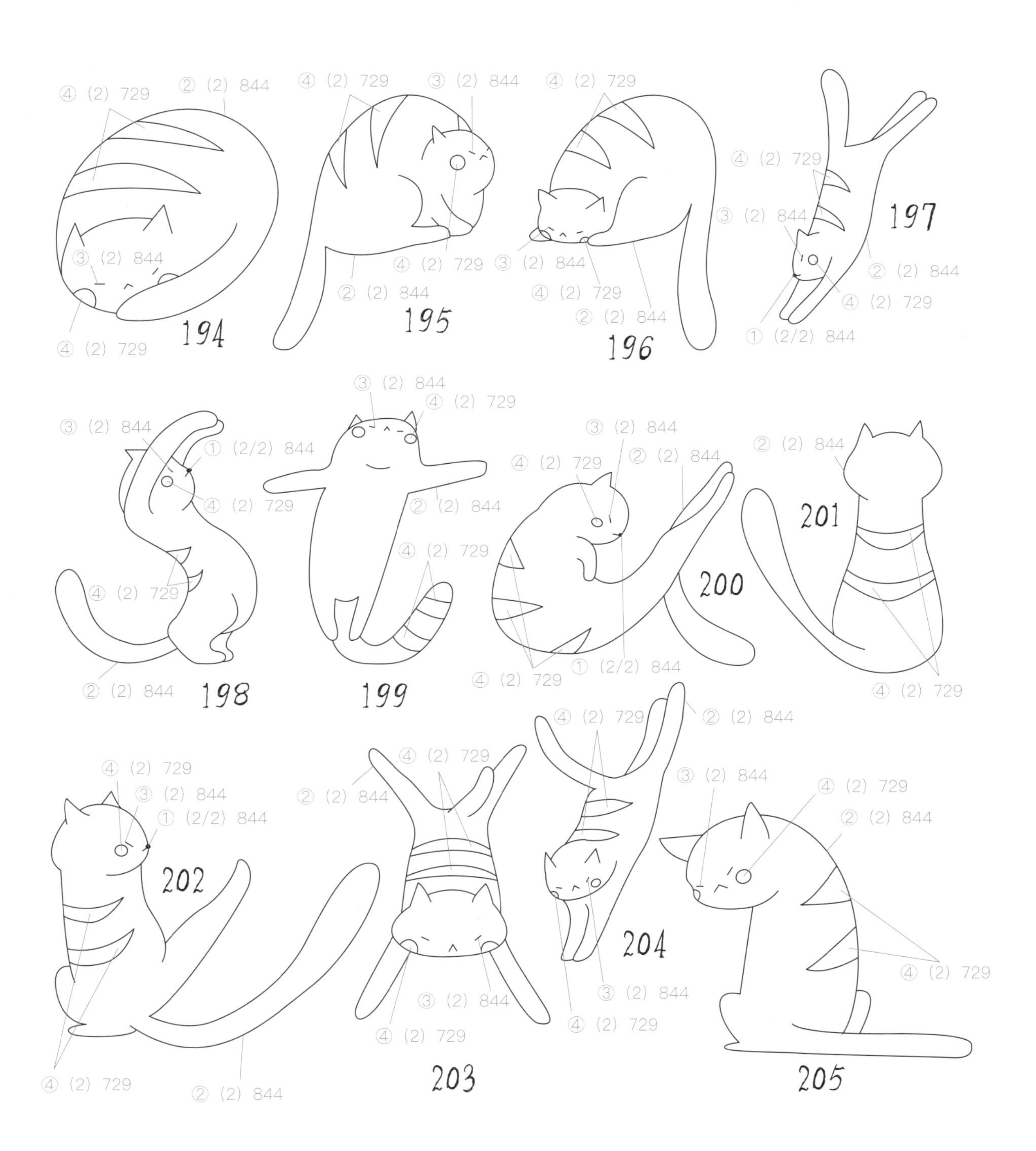
④ (2) 729
② (2) 844
③ (2) 844
④ (2) 729
194
④ (2) 729
③ (2) 844
④ (2) 729
② (2) 844
195
④ (2) 729
③ (2) 844
④ (2) 729
② (2) 844
196
④ (2) 729
③ (2) 844
② (2) 844
④ (2) 729
① (2/2) 844
197
③ (2) 844
① (2/2) 844
④ (2) 729
④ (2) 729
② (2) 844
198
③ (2) 844
④ (2) 729
② (2) 844
④ (2) 729
199
③ (2) 844
② (2) 844
④ (2) 729
① (2/2) 844
④ (2) 729
200
② (2) 844
④ (2) 729
201
④ (2) 729
③ (2) 844
① (2/2) 844
④ (2) 729
② (2) 844
202
④ (2) 729
② (2) 844
③ (2) 844
④ (2) 729
203
④ (2) 729
② (2) 844
③ (2) 844
③ (2) 844
④ (2) 729
204
④ (2) 729
② (2) 844
④ (2) 729
205

活潑俏皮字母貓

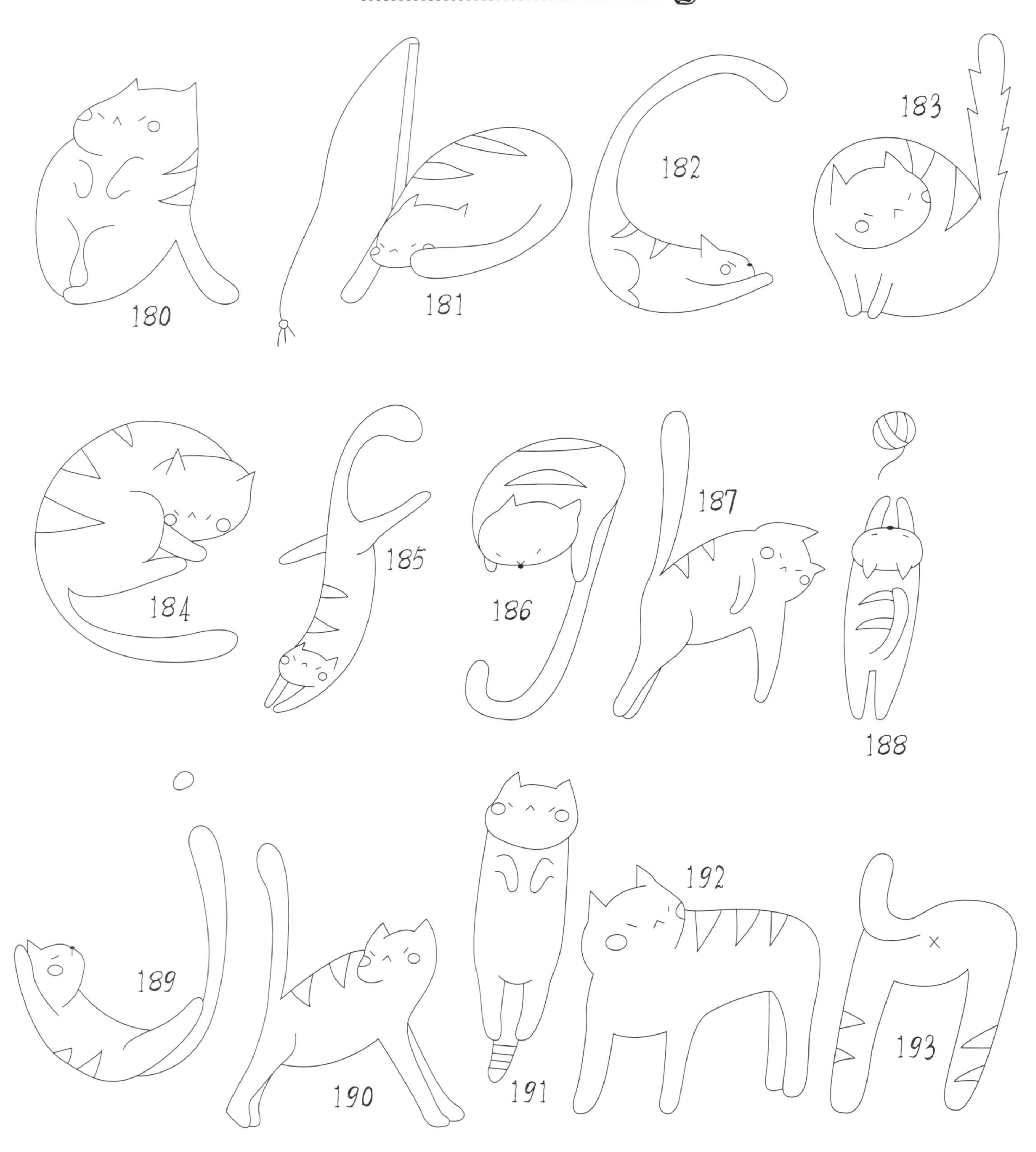

成品圖 p.30、p.31
設計＆製作 林倩誼

皆以二股線操作。

數字表示繡線的色號，本書使用法國 DMC 繡線。

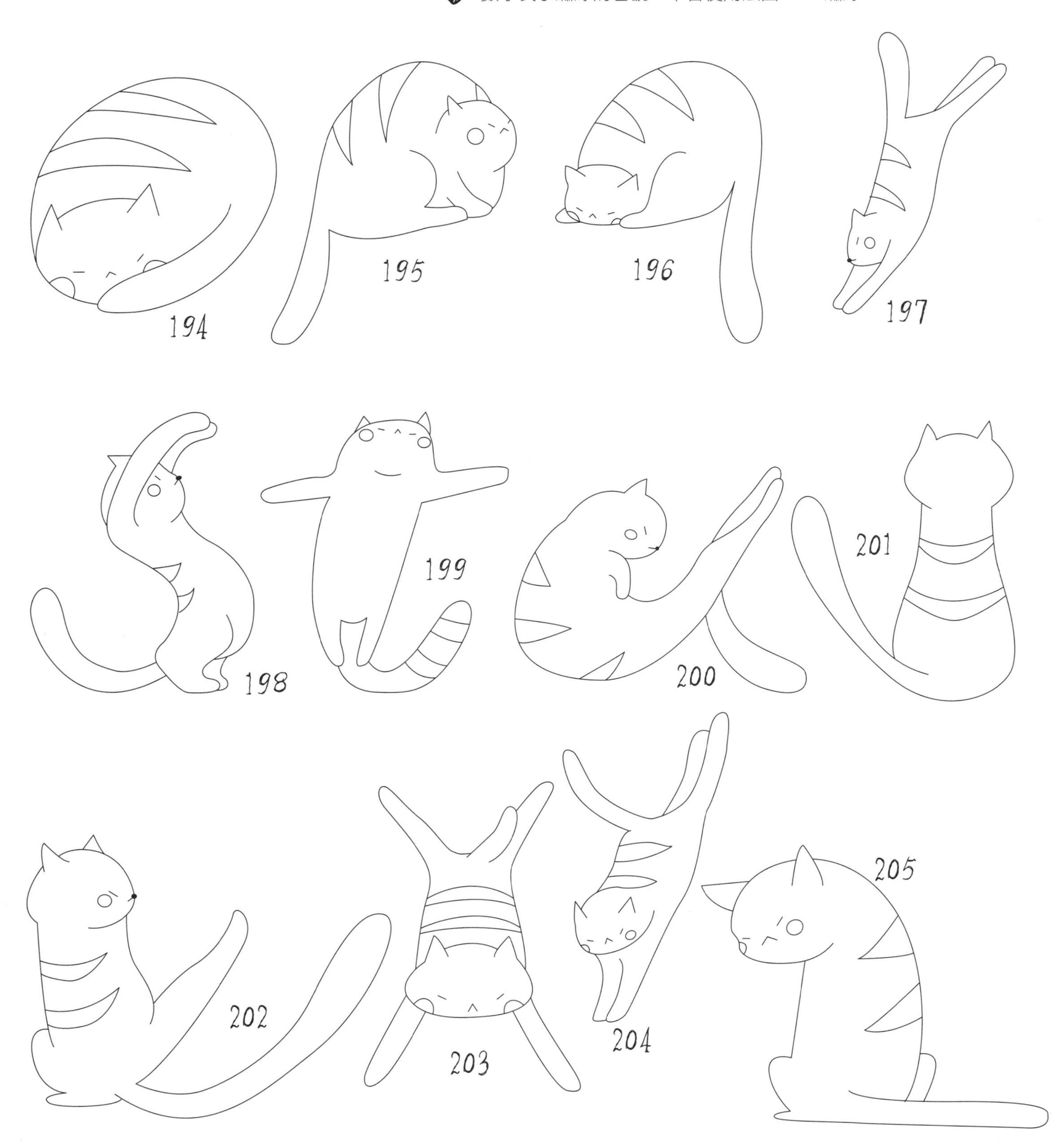

熱愛休閒的貓咪

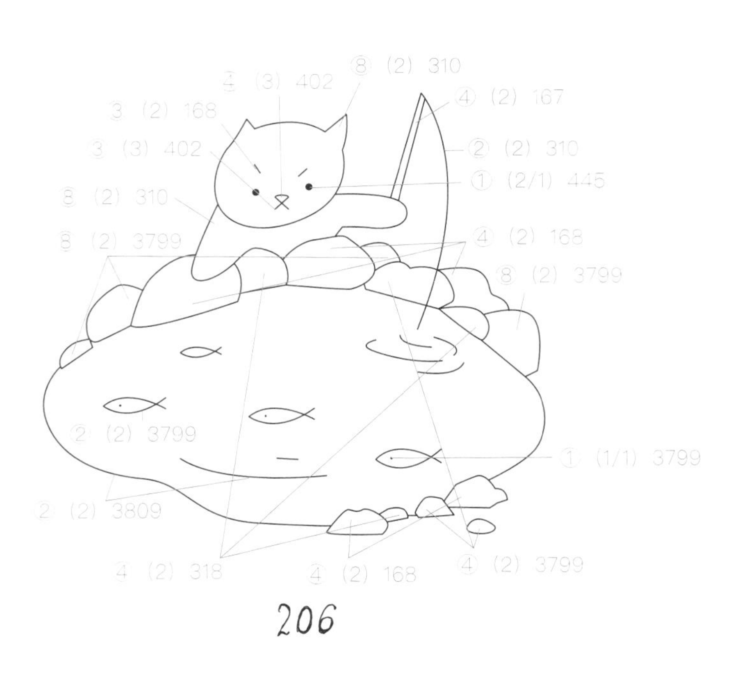

206

207

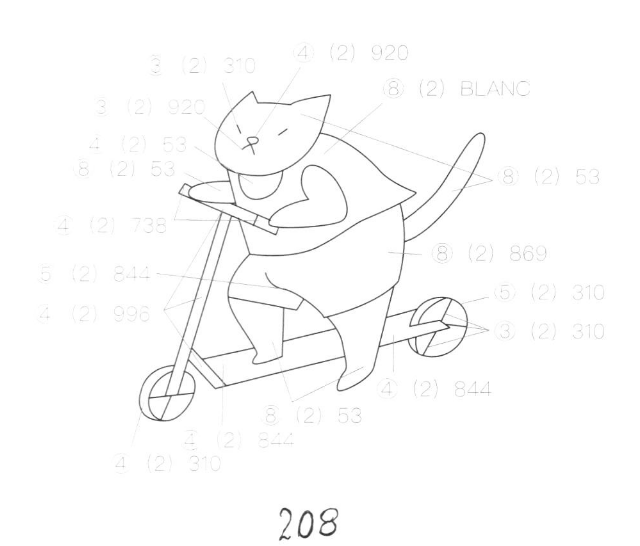

208

209

成品圖 p.32
設計＆製作 林倩誼

- （ ）內數字代表使用繡線股數，例如：左頁圖中（2）為二股線操作。
- 法式結粒繡中（2/1）代表二股線繞一圈。
- 數字表示繡線的色號，本書使用法國 DMC 繡線。

206

207

208

209

熱愛休閒的貓咪

210

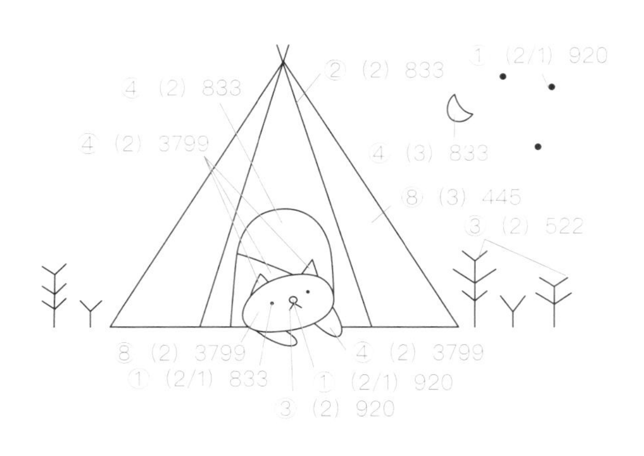

211

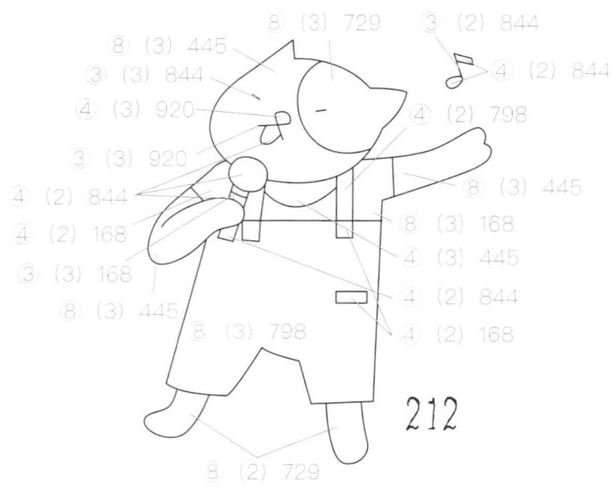

212

213

214

成品圖 p.33
設計&製作 林倩誼

- （ ）內數字代表使用繡線股數，例如：左頁圖中（2）為二股線操作。
- 法式結粒繡中（3/3）代表三股線繞三圈。
- 數字表示繡線的色號，本書使用法國 DMC 繡線。

210

211

212

213

214

愛過節的插畫貓

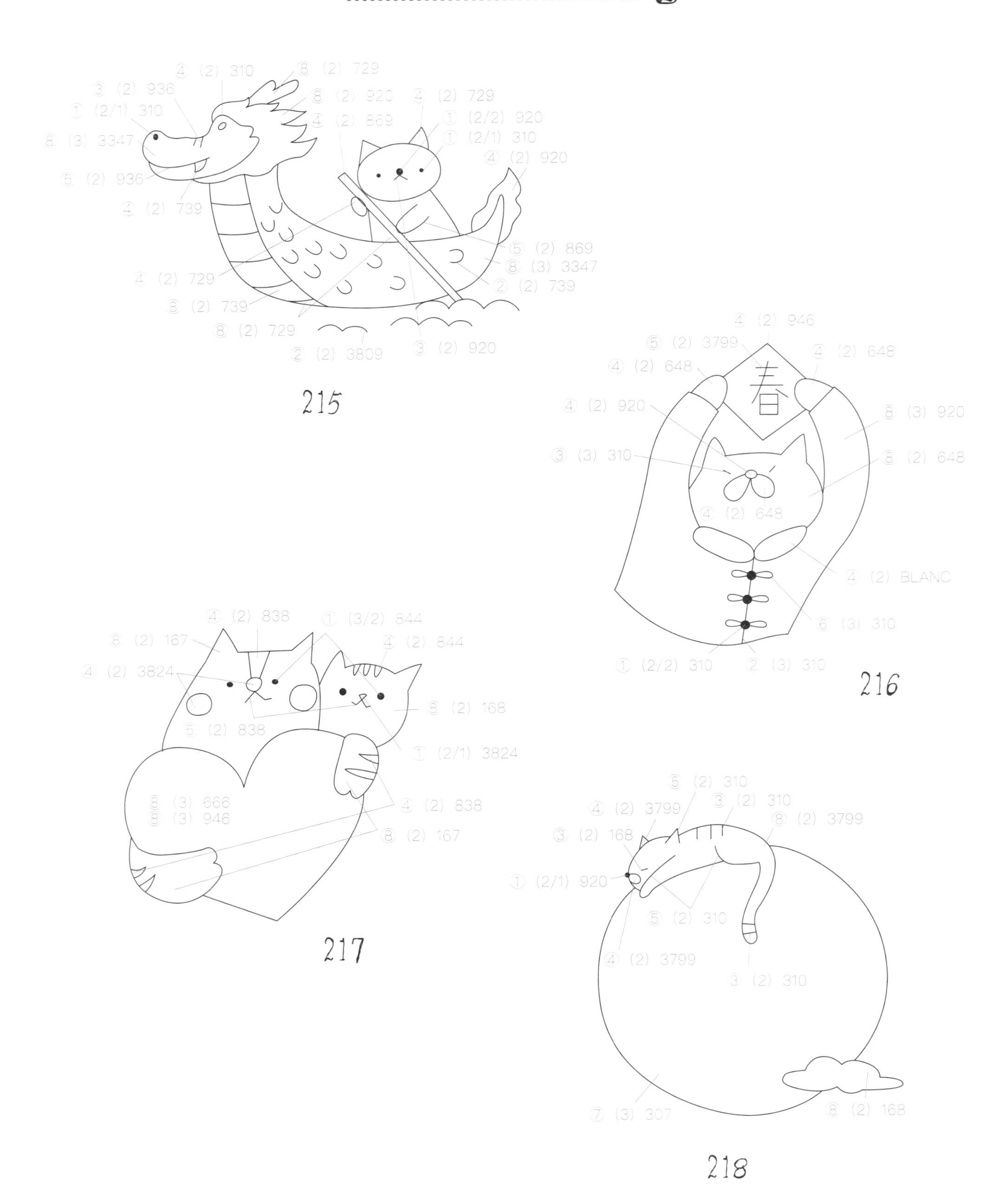

④ (2) 310
⑧ (2) 729
③ (2) 936
⑧ (2) 920
④ (2) 729
① (2/1) 310
④ (2) 869
① (2/2) 920
⑧ (3) 3347
① (2/1) 310
④ (2) 920
⑤ (2) 936
④ (2) 739
⑤ (2) 869
⑧ (3) 3347
④ (2) 729
② (2) 739
⑧ (2) 739
⑧ (2) 729
② (2) 3809
③ (2) 920
215
④ (2) 946
⑤ (2) 3799
④ (2) 648
④ (2) 648
春
④ (2) 920
⑧ (3) 920
③ (3) 310
⑧ (2) 648
④ (2) 648
④ (2) BLANC
⑥ (3) 310
① (2/2) 310
② (3) 310
216
④ (2) 838
① (3/2) 844
⑧ (2) 167
④ (2) 844
④ (2) 3824
⑧ (2) 168
⑤ (2) 838
① (2/1) 3824
⑥ (3) 666
⑧ (3) 946
④ (2) 838
⑧ (2) 167
217
⑤ (2) 310
④ (2) 3799
③ (2) 310
⑧ (2) 3799
③ (2) 168
① (2/1) 920
⑤ (2) 310
④ (2) 3799
③ (2) 310
⑦ (3) 307
⑧ (2) 168
218

成品圖 p.34
設計＆製作 林倩誼

- （ ）內數字代表使用繡線股數，例如：左頁圖中（2）為二股線操作。
- 法式結粒繡中（3/2）代表三股線繞二圈。
- 數字表示繡線的色號，本書使用法國 DMC 繡線。

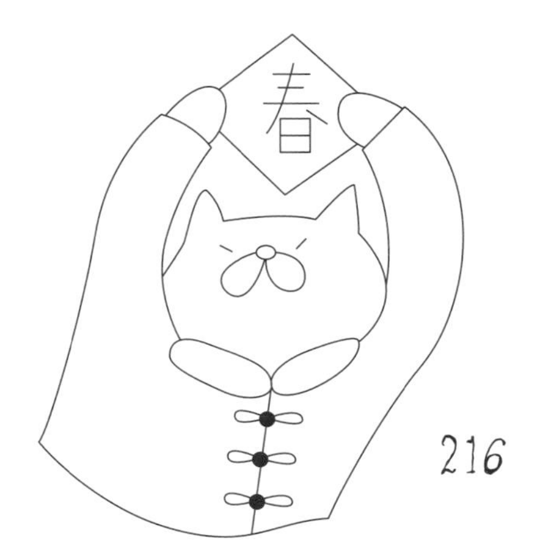

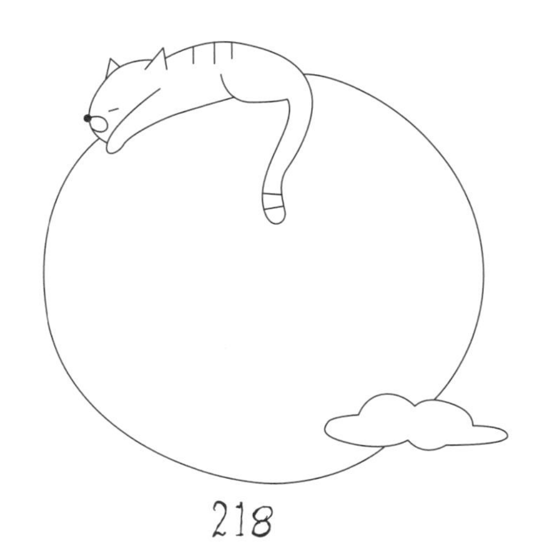

愛過節的插畫貓

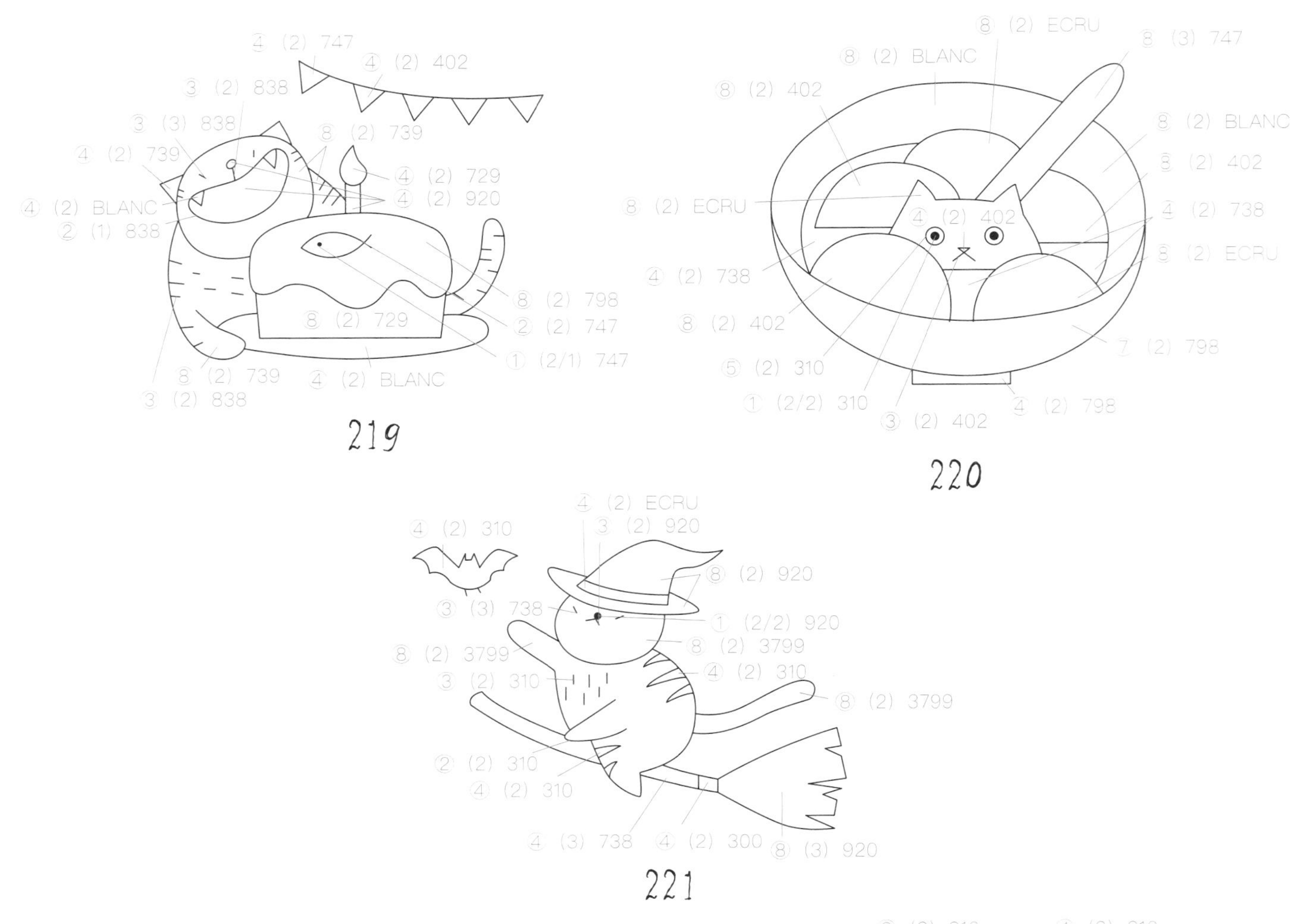
④ (2) 747
④ (2) 402
③ (2) 838
③ (3) 838
⑧ (2) 739
④ (2) 739
④ (2) 729
④ (2) 920
④ (2) BLANC
② (1) 838
⑧ (2) 798
⑧ (2) 729
② (2) 747
① (2/1) 747
⑧ (2) 739
④ (2) BLANC
③ (2) 838
219
⑧ (2) ECRU
⑧ (3) 747
⑧ (2) BLANC
⑧ (2) 402
⑧ (2) BLANC
⑧ (2) 402
⑧ (2) ECRU
④ (2) 402
④ (2) 738
④ (2) 738
⑧ (2) ECRU
⑧ (2) 402
⑦ (2) 798
⑤ (2) 310
① (2/2) 310
④ (2) 798
③ (2) 402
220
④ (2) ECRU
④ (2) 310
③ (2) 920
⑧ (2) 920
③ (3) 738
① (2/2) 920
⑧ (2) 3799
⑧ (2) 3799
④ (2) 310
③ (2) 310
⑧ (2) 3799
② (2) 310
④ (2) 310
④ (3) 738
④ (2) 300
⑧ (3) 920
221

⑧ (2) 666
④ (2) 402
① (2/2) 3799
④ (2) BLANC
③ (2) 3799
④ (2) 738
④ (2) 738
② (2) 815
④ (2) BLANC
④ (2) BLANC
⑧ (3) 666
④ (3) 666
② (2) 815
④ (2) 738
④ (2) BLANC
④ (2) 738
222
⑧ (2) 815

⑧ (3) 310
④ (3) 310
② (2) 310
③ (2) 310
③ (3) 310
① (3/1) 920
④ (2) 435
④ (3) 729
⑧ (2) 729
④ (2) BLANC
④ (2) 310
② (2) 168
⑧ (2) 729
④ (2) 729
223

成品圖 p.35
設計＆製作 林倩誼

- （ ）內數字代表使用繡線股數，例如：左頁圖中（2）為二股線操作。
- 法式結粒繡中（2/2）代表二股線繞二圈。
- 數字表示繡線的色號，本書使用法國 DMC 繡線。

交通工具貓

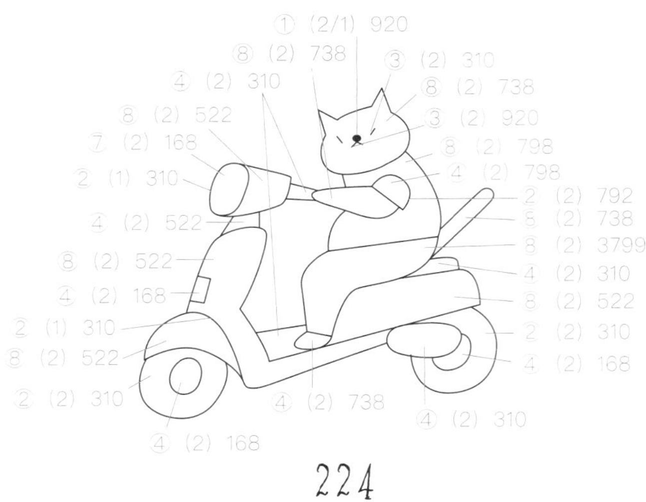

224

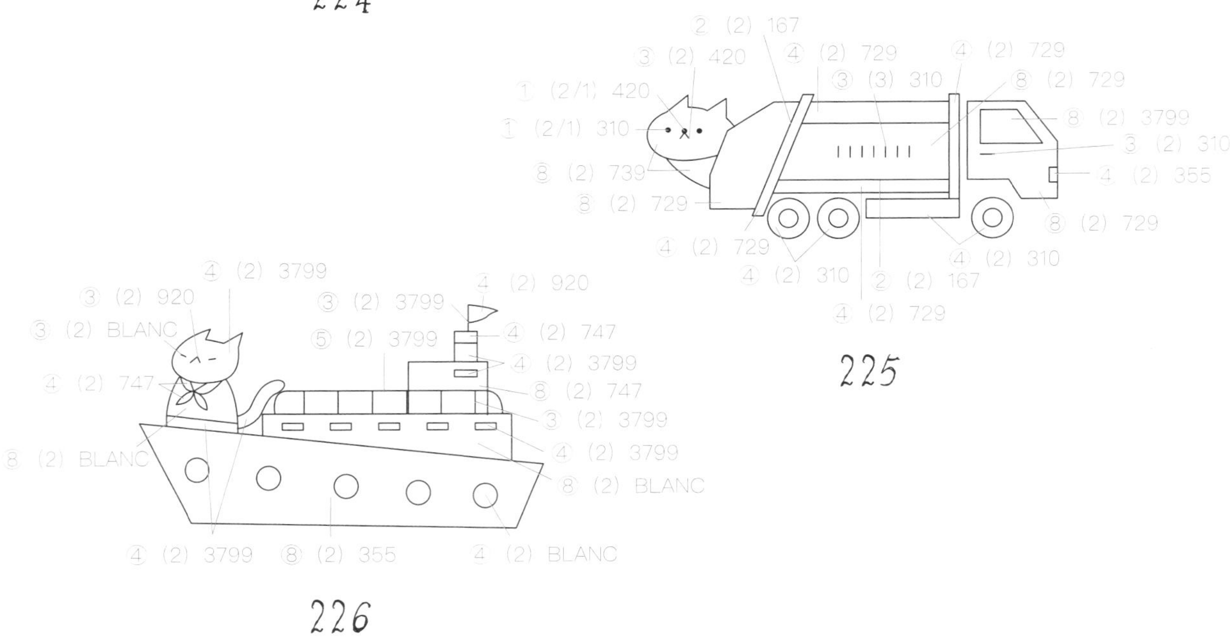

225

226

227

- （）內數字代表使用繡線股數，例如：左頁圖中（2）為二股線操作。
- 法式結粒繡中（2/1）代表二股線繞一圈。
- 數字表示繡線的色號，本書使用法國 DMC 繡線。

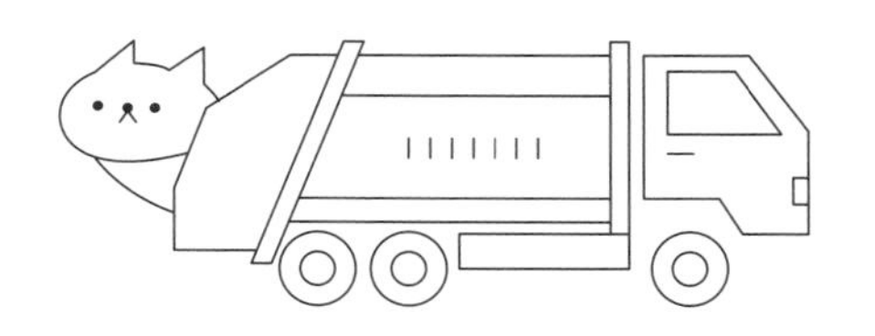

225

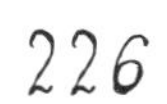

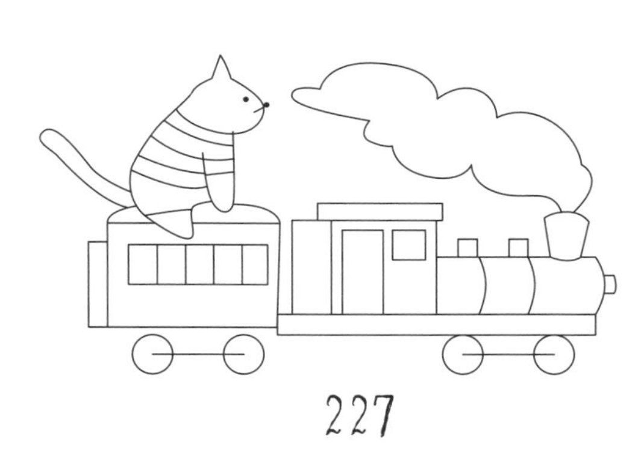

交通工具貓

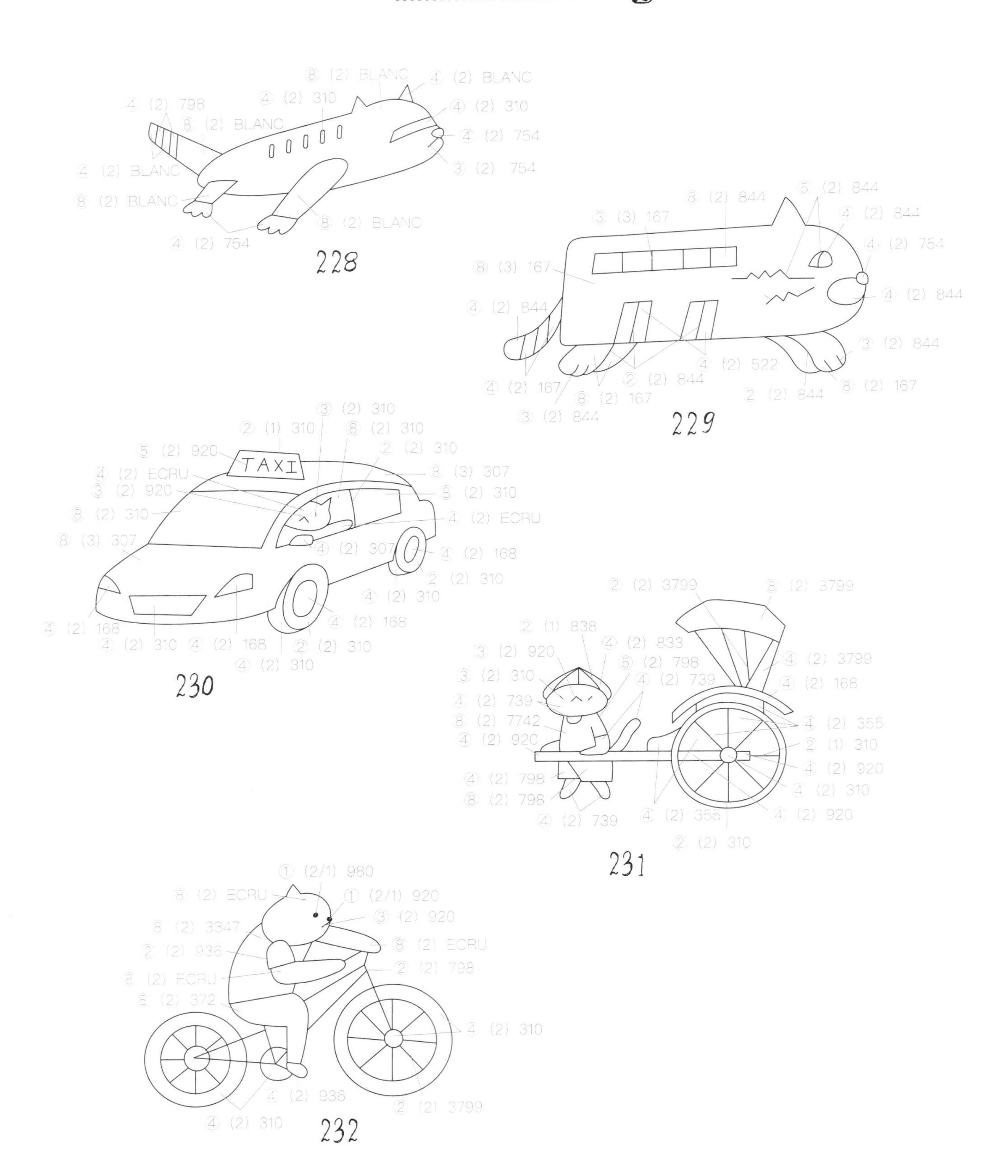
④ (2) 798
⑧ (2) BLANC
④ (2) 310
⑧ (2) BLANC
④ (2) BLANC
④ (2) 310
④ (2) 754
③ (2) 754
④ (2) BLANC
⑧ (2) BLANC
⑧ (2) BLANC
④ (2) 754
228
⑧ (2) 844
⑤ (2) 844
③ (3) 167
④ (2) 844
④ (2) 754
⑧ (3) 167
④ (2) 844
④ (2) 844
③ (2) 844
④ (2) 522
④ (2) 167
② (2) 844
⑧ (2) 167
② (2) 844
⑧ (2) 167
③ (2) 844
229
③ (2) 310
② (1) 310
⑧ (2) 310
⑤ (2) 920
② (2) 310
TAXI
④ (2) ECRU
⑧ (3) 307
③ (2) 920
⑧ (2) 310
⑧ (2) 310
④ (2) ECRU
⑧ (3) 307
④ (2) 307
④ (2) 168
② (2) 310
④ (2) 310
④ (2) 168
④ (2) 168
④ (2) 310
④ (2) 168
② (2) 310
④ (2) 310
230
② (2) 3799
⑧ (2) 3799
② (1) 838
③ (2) 920
④ (2) 833
⑤ (2) 798
④ (2) 3799
③ (2) 310
④ (2) 739
④ (2) 168
④ (2) 739
⑧ (2) 7742
④ (2) 355
④ (2) 920
② (1) 310
④ (2) 920
④ (2) 798
④ (2) 310
⑧ (2) 798
④ (2) 739
④ (2) 355
④ (2) 920
② (2) 310
231
① (2/1) 980
⑧ (2) ECRU
① (2/1) 920
③ (2) 920
⑧ (2) 3347
⑧ (2) ECRU
② (2) 936
② (2) 798
⑧ (2) ECRU
⑧ (2) 372
④ (2) 310
④ (2) 936
② (2) 3799
④ (2) 310
232

- （ ）內數字代表使用繡線股數，例如：左頁圖中（2）為二股線操作。
- 法式結粒繡中（2/1）代表二股線繞一圈。
- 數字表示繡線的色號，本書使用法國 DMC 繡線。

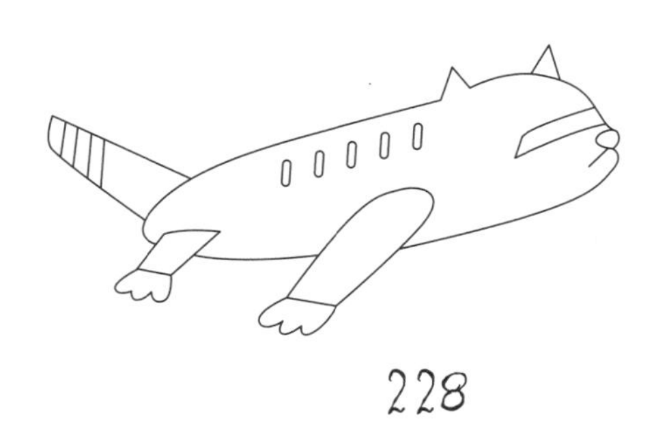

228

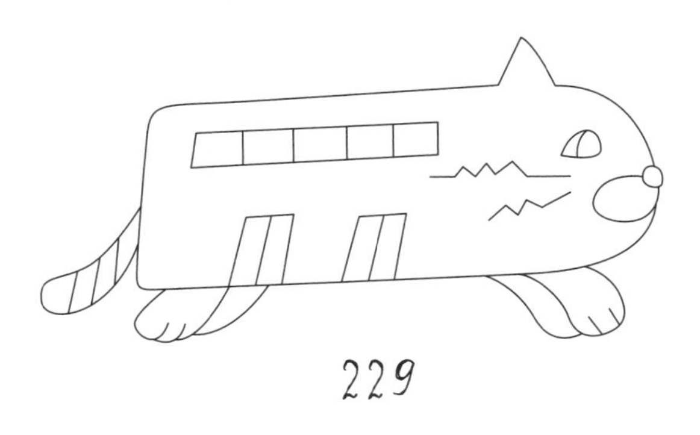

229

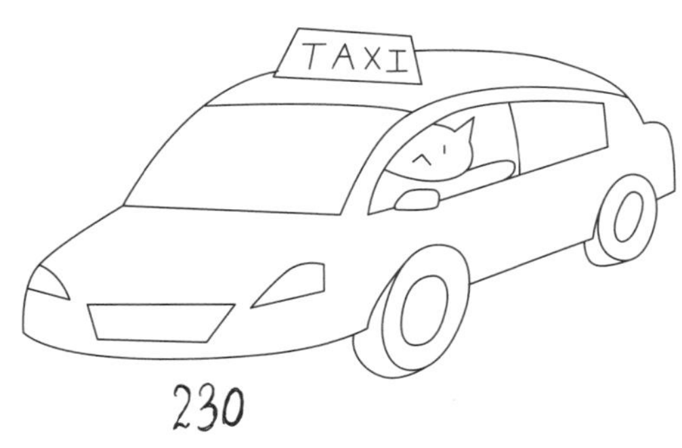

230

231

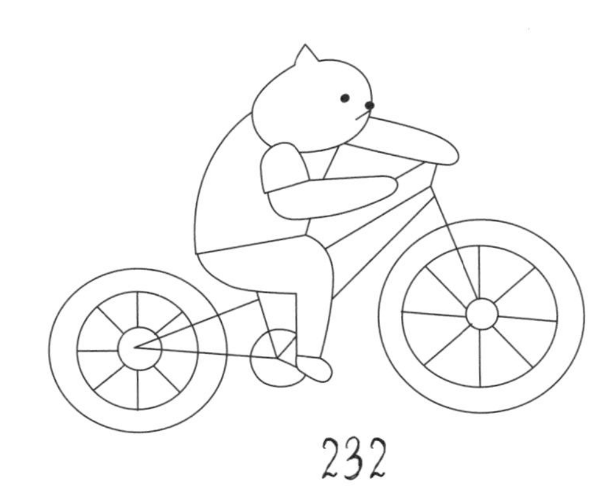

232

可愛貓咪大頭貼

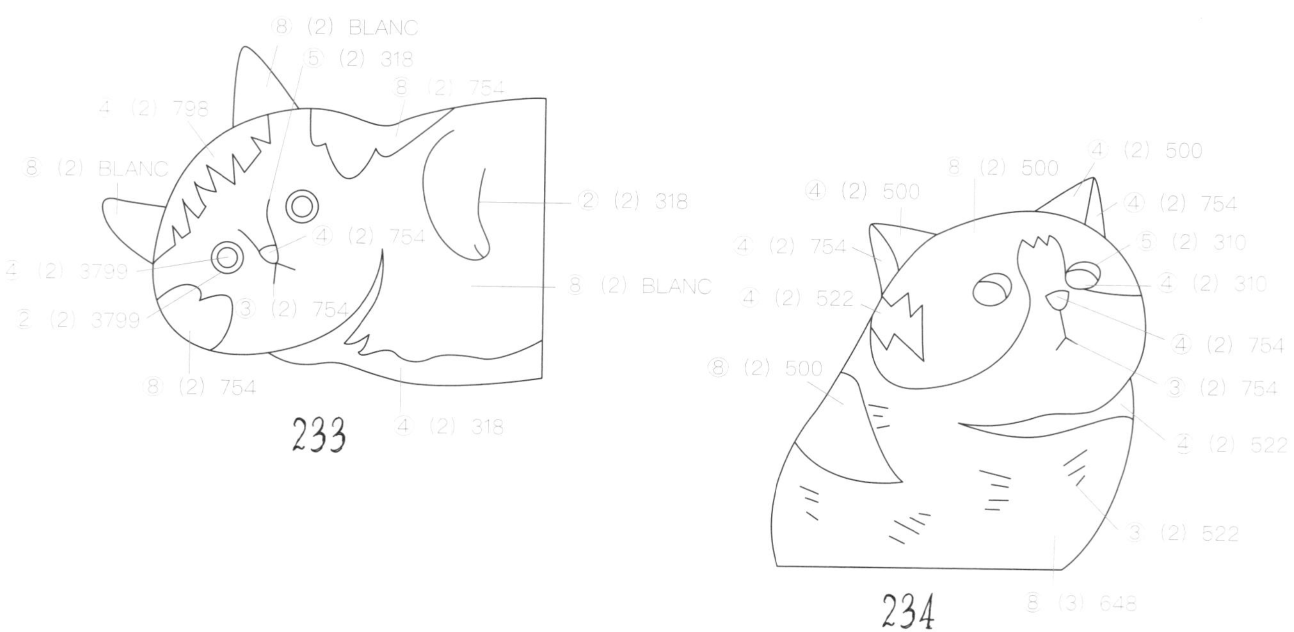

233

234

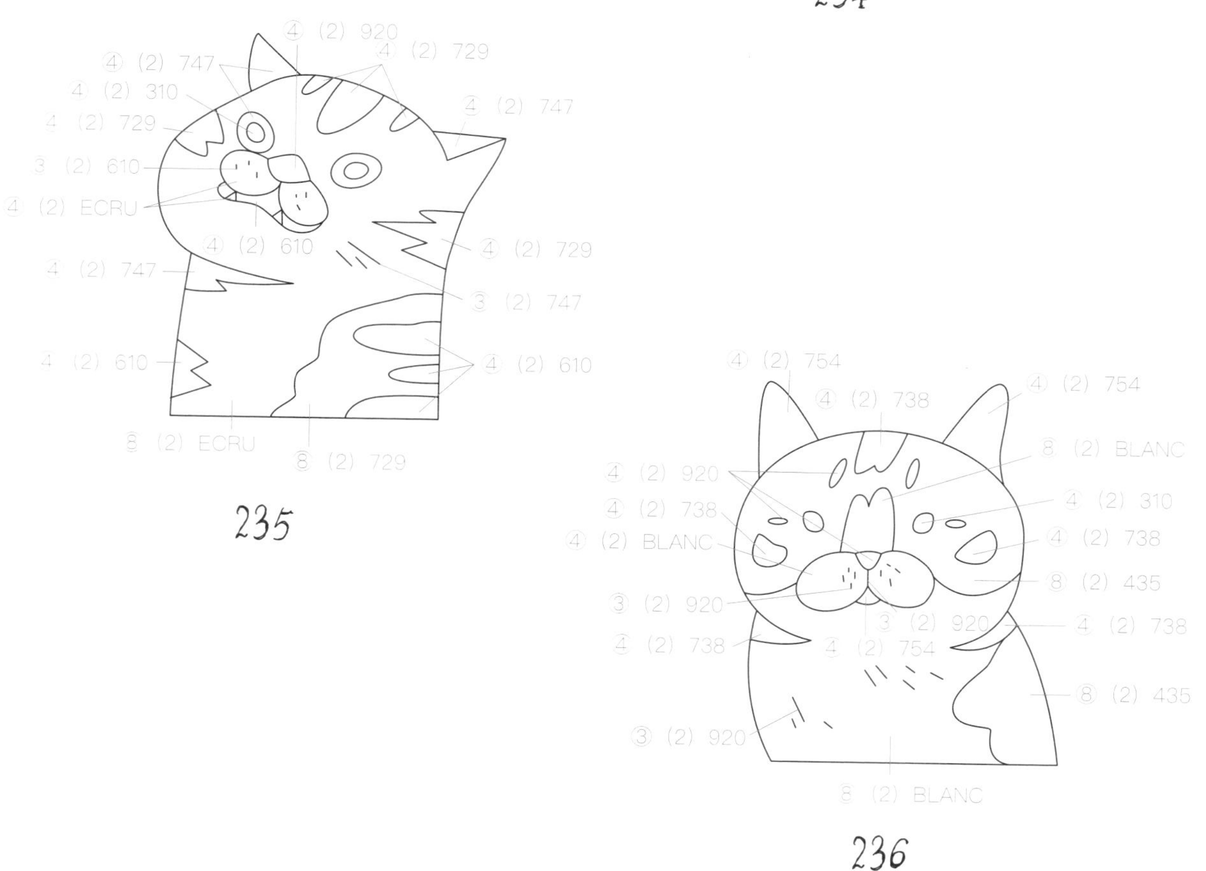

235

236

成品圖 p.38
設計＆製作 林倩誼

- （ ）內數字代表使用繡線股數，例如：左頁圖中（2）為二股線操作。
- 數字表示繡線的色號，本書使用法國 DMC 繡線。

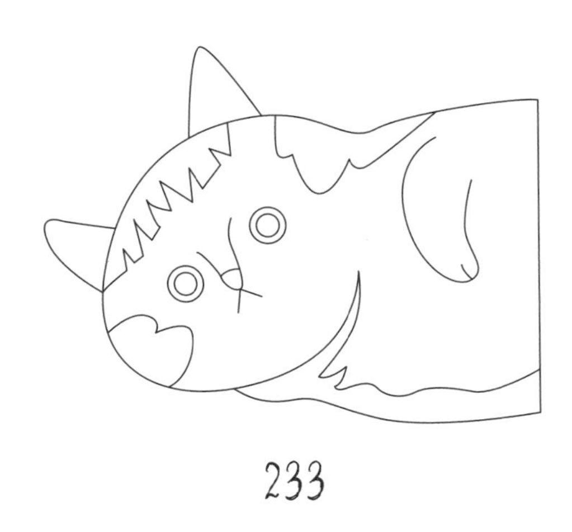

233

234

235

236

可愛貓咪大頭貼

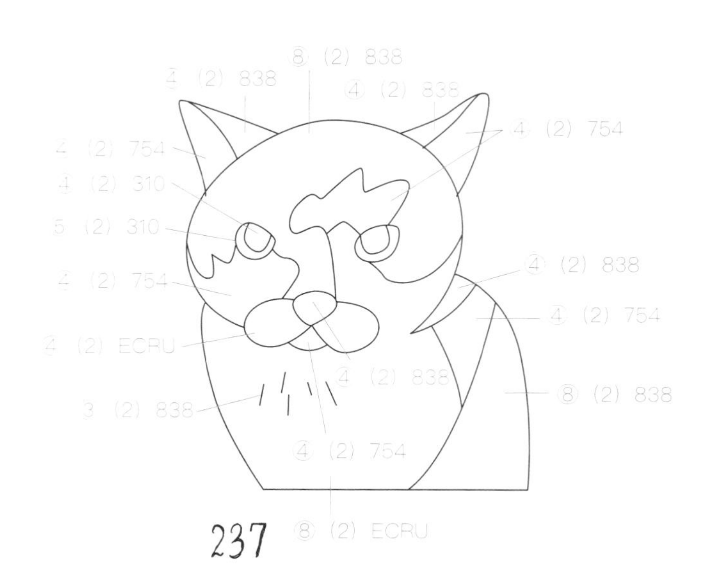

237

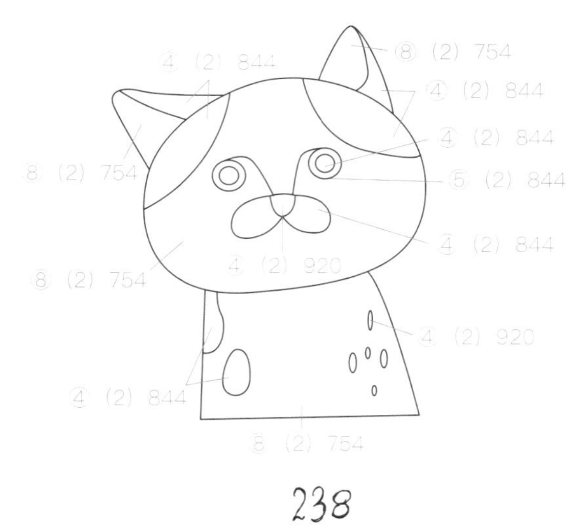

238

239

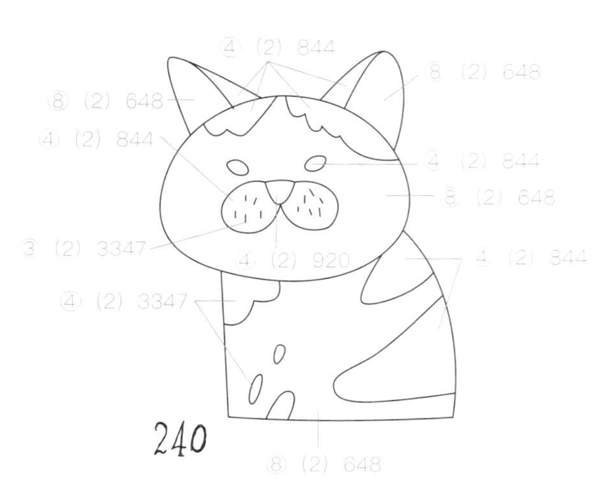

240

241

成品圖 p.39
設計&製作 林倩誼

（ ）內數字代表使用繡線股數，例如：左頁圖中（2）為二股線操作。

數字表示繡線的色號，本書使用法國 DMC 繡線。

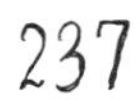

237

238

239

240

241

貓咪運動會

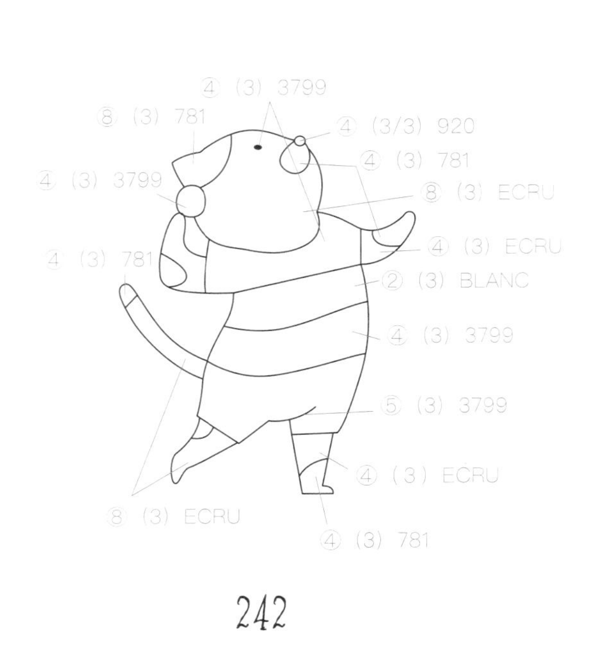

242

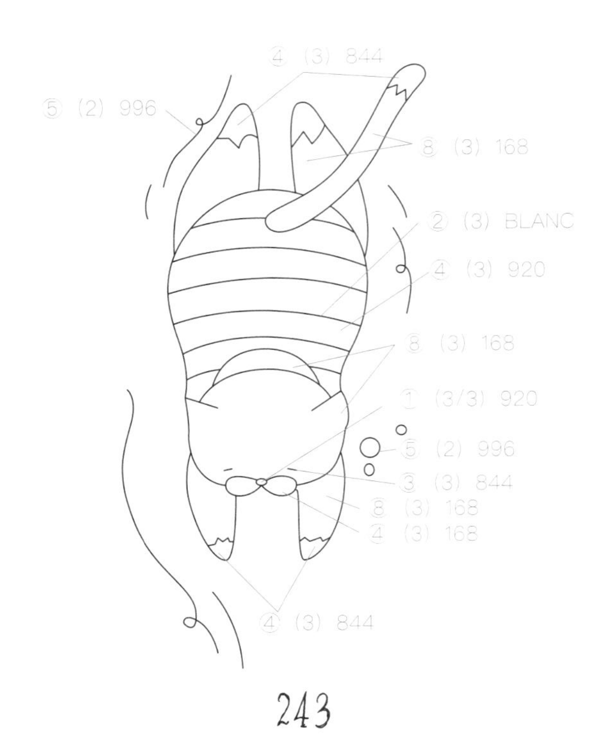

243

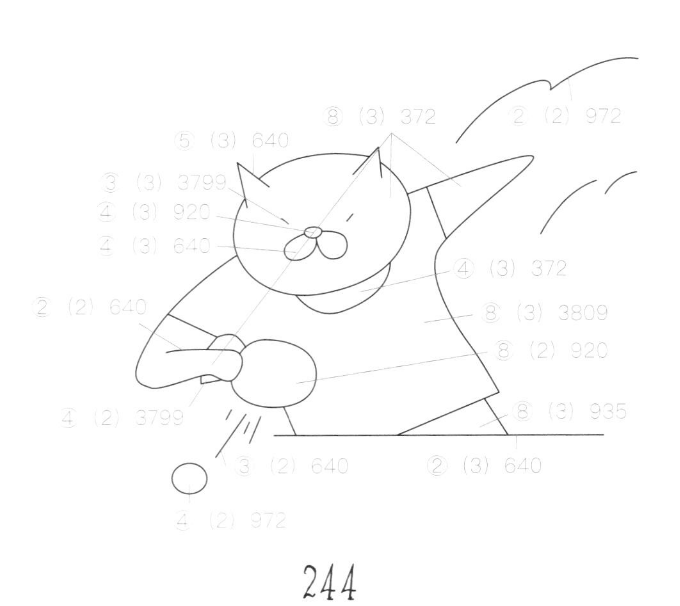

244

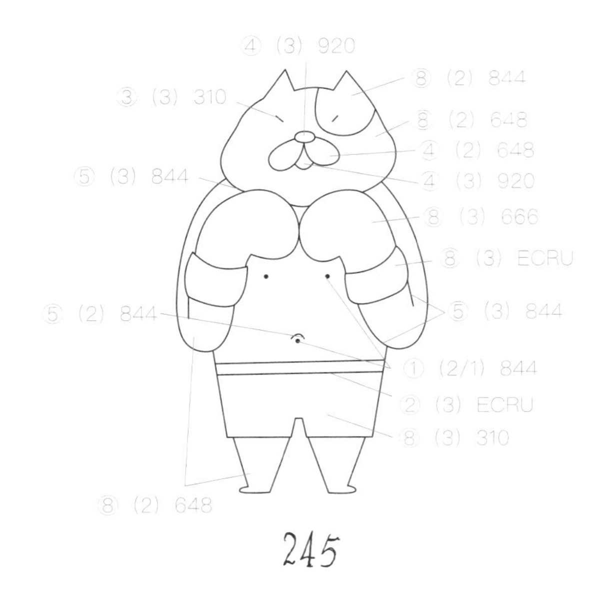

245

成品圖 p.40
設計＆製作 林倩誼

- （ ）內數字代表使用繡線股數，例如：左頁圖中（2）為二股線操作。
- 法式結粒繡中（2/1）代表二股線繞一圈。
- 數字表示繡線的色號，本書使用法國 DMC 繡線。

242

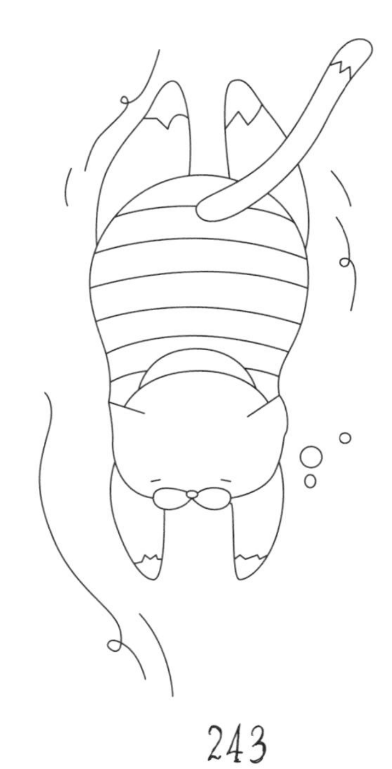

243

244

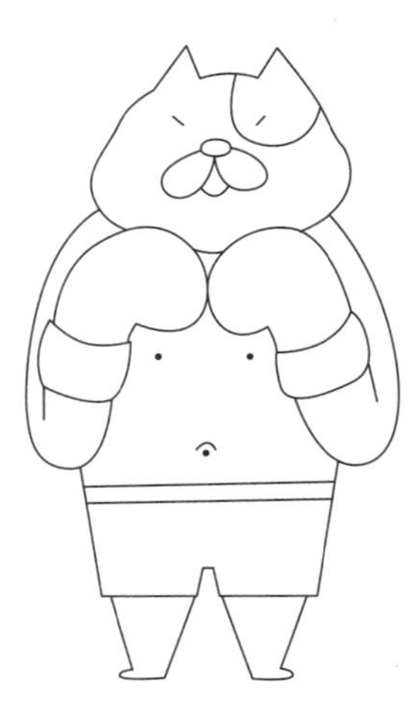

245

貓咪運動會

④ (3) 920
④ (2) 838
③ (3) 310
④ (3) 729
④ (3) BLANC
⑧ (2) 729
③ (2) 838
⑧ (3) BLANC
⑧ (2) 729
④ (3) BLANC
④ (3) 648
④ (3) 648
② (2) 648
② (2) 648
④ (2) 310
⑧ (3) BLANC
③ (2) 838
④ (2) 729
246
① (3/3) 920
④ (3) 435
③ (3) 435
⑧ (3) ECRU
⑧ (3) 972
① (3/1) 310
⑤ (3) 920
④ (3) 435
② (3) 920
③ (3) 435
⑧ (3) 972
④ (3) 946
② (3) ECRU
③ (2) 318
⑧ (3) 972
⑧ (3) 976
④ (3) 920
247

② (3) 648
③ (3) 844
④ (3) 844
⑧ (3) 648
① (3/3) 920
④ (3) 844
④ (3) 844
② (3) 844
④ (3) 3347
⑦ (2) 920
⑧ (3) 648
④ (3) 3347
⑤ (3) 648
④ (3) 844
⑤ (3) 844
② (3) 648
⑧ (3) 648
⑧ (3) 3347
⑧ (3) 844
③ (3) 844
④ (2) 648
248
④ (3) ECRU
① (3/3) 920
④ (3) 402
④ (3) 3799
② (3) 920
⑧ (3) 920
⑬ (3) ECRU
⑧ (3) ECRU
⑧ (3) 3799
⑬ (3) ECRU
② (2) 3799
249
④ (3) 648
⑤ (2) 168
⑥ (1) BLANC
③ (2) 844
② (3) 920
④ (2) BLANC
① (3/3) 920
④ (3) 844
⑧ (3) 844
② (3) 844
⑧ (3) 648
④ (3) 920
③ (3) 310
⑧ (3) 798
④ (3) 648
⑧ (3) 310
⑧ (3) 648
④ (3) 648
③ (2) 168
250

- ( ) 內數字代表使用繡線股數，例如：左頁圖中（2）為二股線操作。
- 法式結粒繡中（3/3）代表三股線繞三圈。
- 數字表示繡線的色號，本書使用法國 DMC 繡線。

246

247

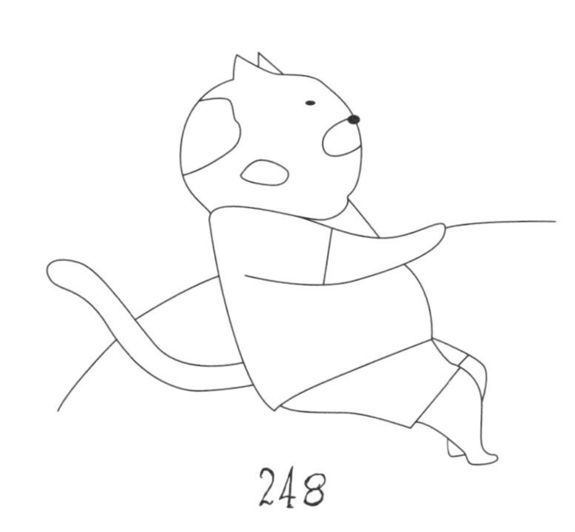

248

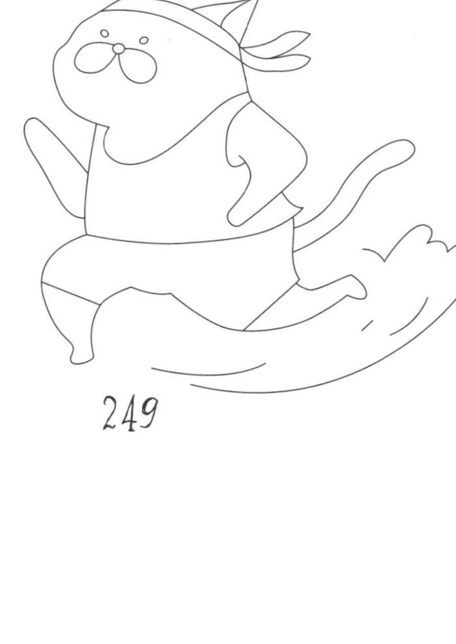

249

250

超軟Q瑜伽貓

繡者介紹 / 郭芊伶

大學畢業後從事平面及陳列設計。本來就喜愛手作、縫紉，因緣際會接觸了刺繡，擅長以動物、大自然為主題。透過一針一線慢慢將圖案呈現出來，再與縫紉結合成實用的生活用品，讓收到禮物的人能感到幸福，因此成立「等等來手作」工作室。

成品圖 ✦ p.42
設計&製作 ✦ 郭芊伶

- 皆以二股線操作。
- 數字表示繡線的色號，本書使用法國 DMC 繡線。

251

252

253

254

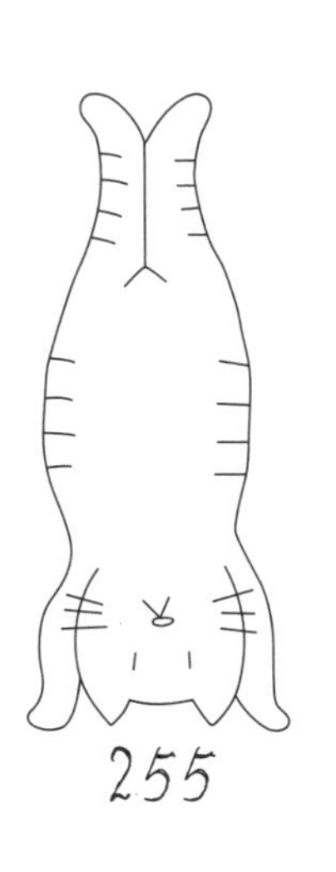
255

256

257

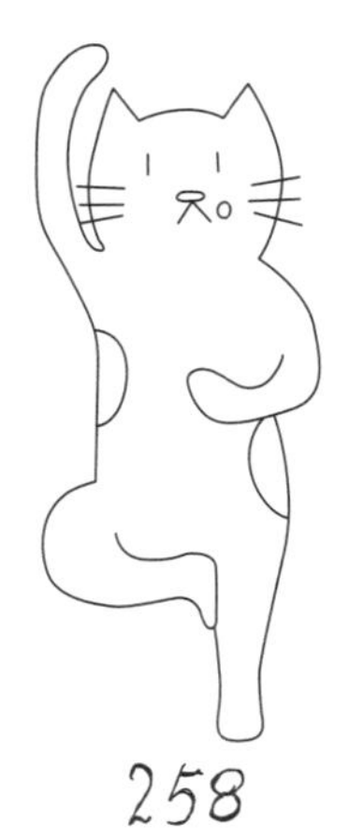
258

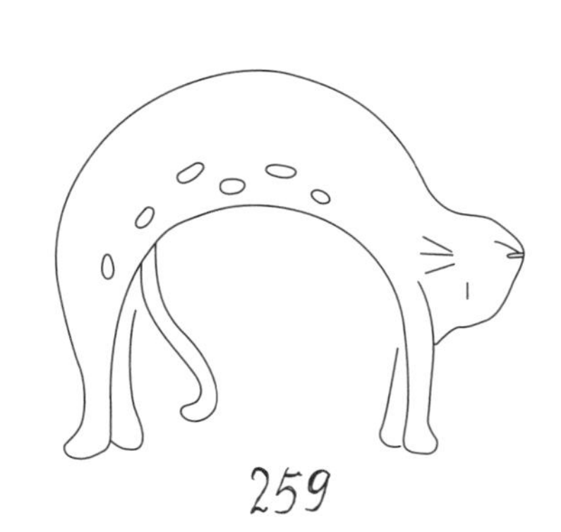
259

反串動物喵星人 

260

261

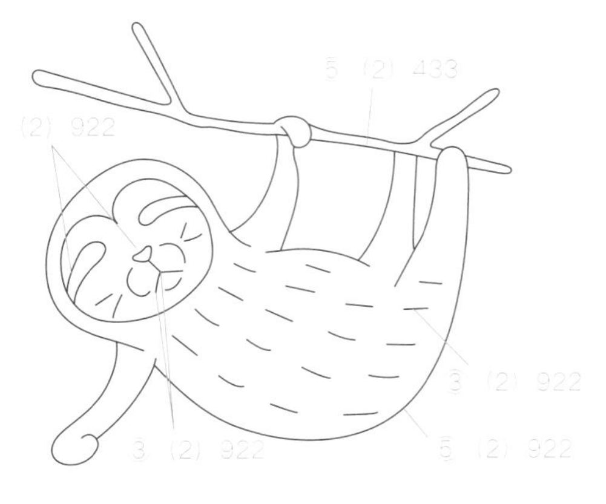

262

263

264

265

266

267

268

成品圖 p.43
設計＆製作 郭芊伶

- 皆以二股線操作。
- 數字表示繡線的色號，本書使用法國 DMC 繡線。

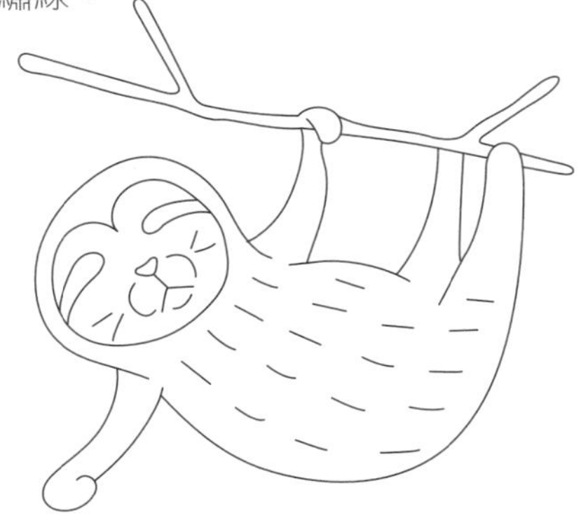

260 261 262

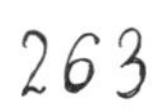

263 264 265

266 267 268

獨一無二數字貓

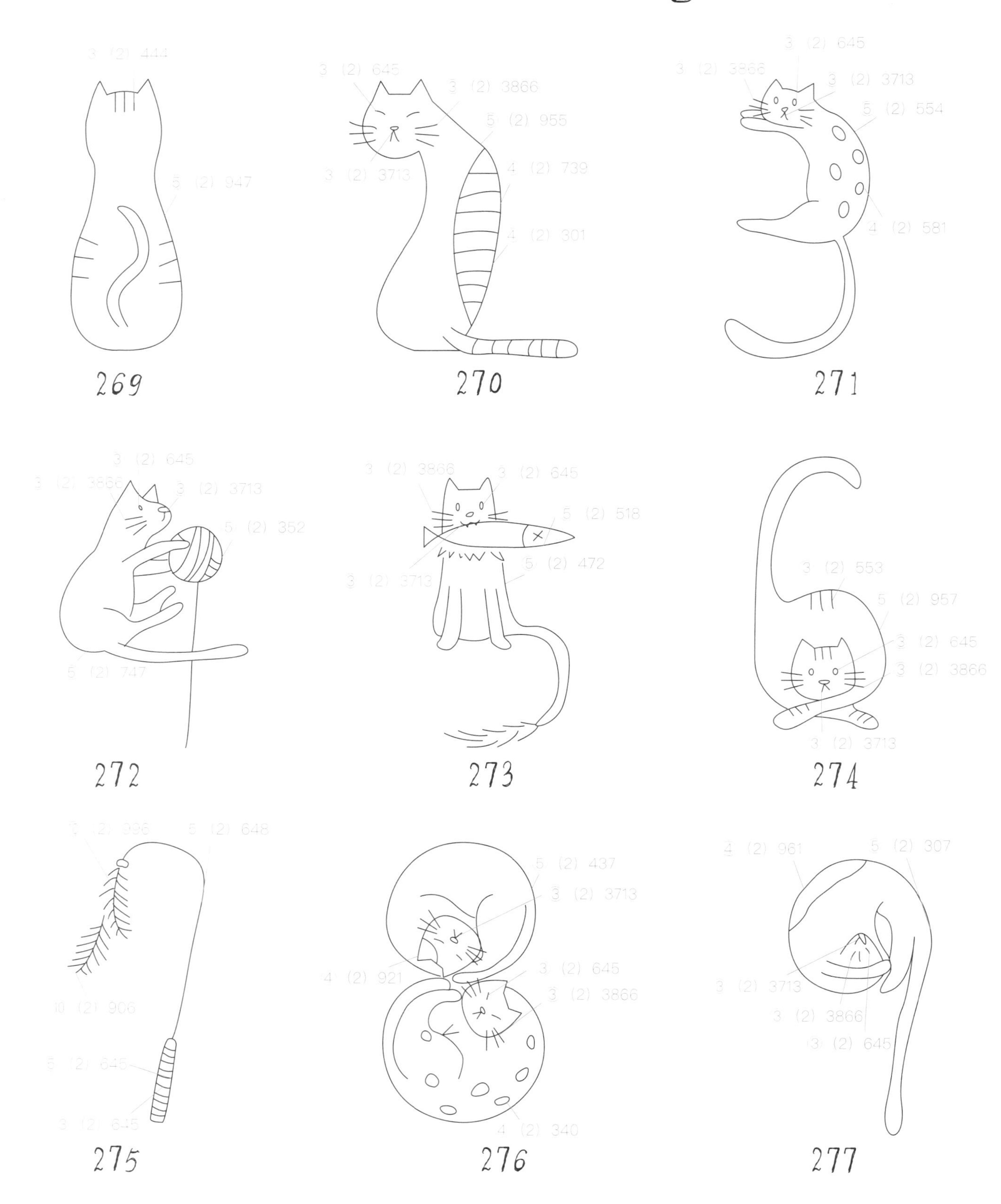
3 (2) 444
5 (2) 947
269
3 (2) 645
3 (2) 3866
5 (2) 955
3 (2) 3713
4 (2) 739
4 (2) 301
270
3 (2) 645
3 (2) 3866
3 (2) 3713
5 (2) 554
4 (2) 581
271
3 (2) 645
3 (2) 3866
3 (2) 3713
5 (2) 352
5 (2) 747
272
3 (2) 3866
3 (2) 645
5 (2) 518
3 (2) 3713
5 (2) 472
273
3 (2) 553
5 (2) 957
3 (2) 645
3 (2) 3866
3 (2) 3713
274
10 (2) 996
5 (2) 648
10 (2) 906
5 (2) 645
3 (2) 645
275
5 (2) 437
3 (2) 3713
4 (2) 921
3 (2) 645
3 (2) 3866
4 (2) 340
276
4 (2) 961
5 (2) 307
3 (2) 3713
3 (2) 3866
3 (2) 645
277

成品圖 p.44

設計＆製作 郭芊伶

- 皆以二股線操作。
- 數字表示繡線的色號，本書使用法國 DMC 繡線。

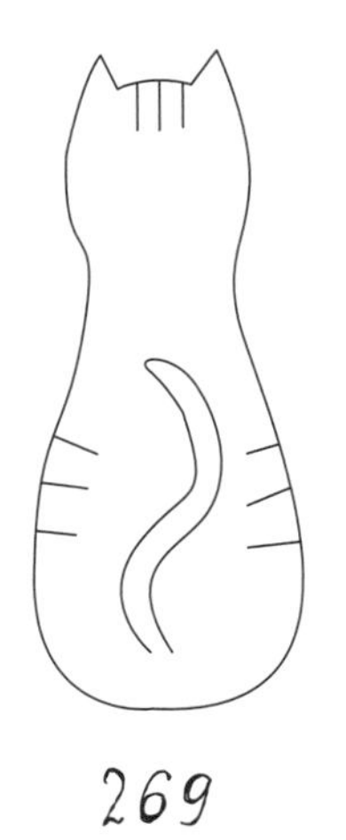

269

270

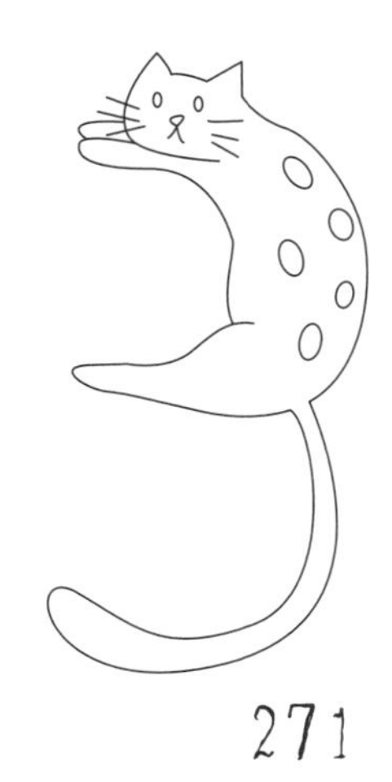

271

272

273

274

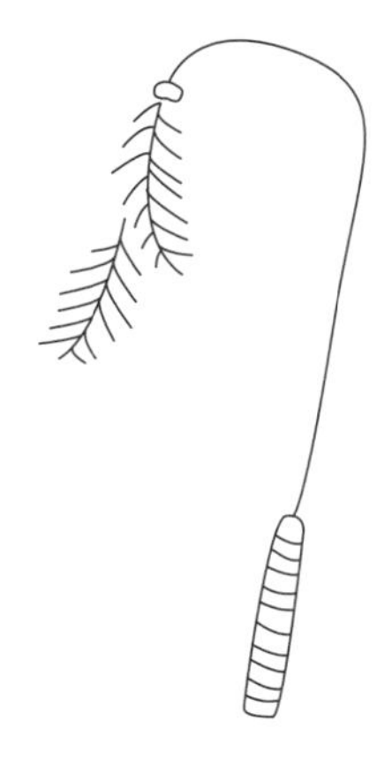

275

276

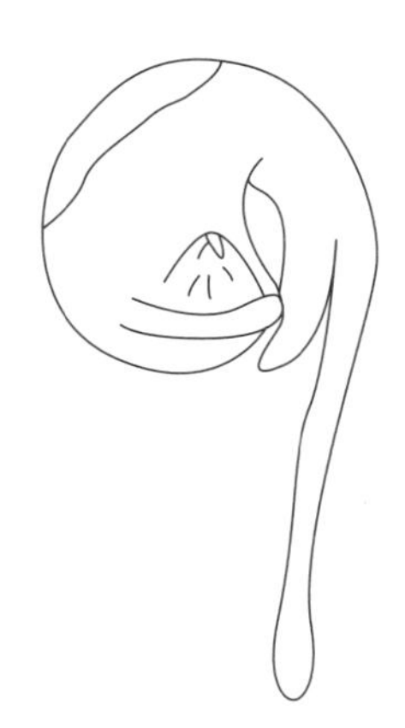

277

喵星人表情包

4 (2) 310
④ (2) 310
3 (2) 310
② (2) 310
278
④ (2) 310
② (2) 310
③ (2) 310
② (2) 310
279
3 (2) 310
② (2) 310
2 (2) 310
③ (2) 310
④ (2) 310
280
④ (2) 310
5 (2) 310
4 (2) 310
2 (2) 310
281
② (2) 310
4 (2) 310
3 (2) 310
282
④ (2) B5200
4 (2) 310
② (2) 310
5 (2) 310
④ (2) 310
③ (2) 310
283
4 (2) 310
2 (2) 310
③ (2) 310
284
④ (2) 310
④ (2) 310
② (2) 310
5 (2) 310
5 (2) 310
③ (2) 310
285
④ (2) 310
② (2) 310
5 (2) 310
③ (2) 310
⑤ (2) 310
3 (2) 310
286

成品圖 p.45
設計＆製作 郭芊伶

- 皆以二股線操作。
- 數字表示繡線的色號，本書使用法國 DMC 繡線。

華麗變身美食貓

② (2) 648
④ (2) 436
⑧ (2) 422
④ (2) 310
③ (2) 310
② (2) 310
287
④ (2) 645
③ (2) 310
④ (2) B5200
④ (2) 436
④ (2) 746
⑦ (2) 225
⑦ (2) 352
⑦ (2) 3328
⑦ (2) 444
⑦ (2) B5200
288
④ (2) 746
④ (2) B5200
④ (2) 307
④ (2) 3371
⑧ (2) 211
③ (2) 3371
③ (2) 970
⑧ (2) 210
② (2) 434
289
③ (2) 780
① (2) 310
③ (2) 310
④ (2) 977
④ (2) 518
④ (2) 955
④ (2) 307
③ (2) 310
290
④ (2) 422
④ (2) 310
③ (2) 310
③ (2) 955
④ (2) 962
③ (2) 553
291
① (2) 310
③ (2) 310
④ (2) 739
⑦ (2) 436
④ (2) 434
⑦ (2) 817
④ (2) 3328
④ (2) B5200
292
④ (2) 906
④ (2) 307
⑧ (2) 601
⑧ (2) B5200
④ (2) 518
④ (2) 553
④ (2) 947
⑤ (2) 312
③ (2) 518
③ (2) 312
293
④ (2) 898
④ (2) 898
③ (2) 898
② (2) 898
⑧ (2) 436
② (2) 898
294
⑦ (2) B5200
④ (2) 3348
④ (2) 906
④ (2) 352
④ (2) 817
④ (2) 301
⑦ (2) 310
④ (2) 444
③ (2) 310
② (2) 310
295

- 皆以二股線操作。
- 數字表示繡線的色號，本書使用法國 DMC 繡線。

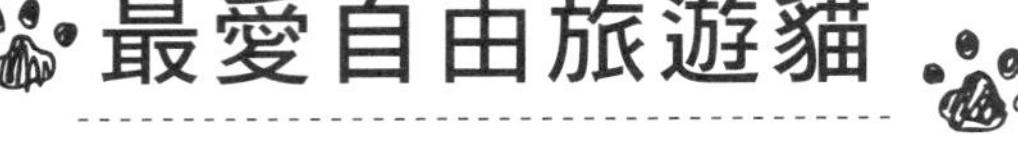

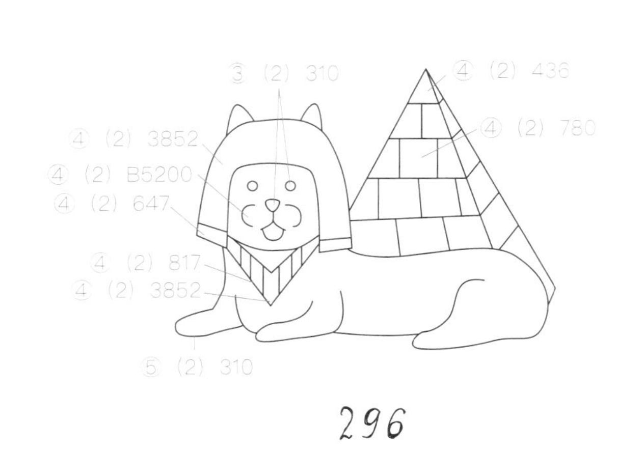

296

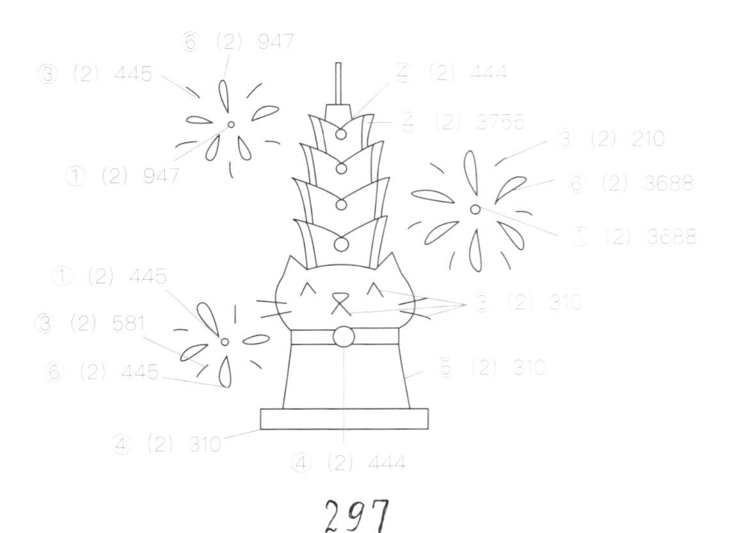

297

298

299

300

成品圖 p.47
設計＆製作 郭芊伶

皆以二股線操作。

數字表示繡線的色號，本書使用法國 DMC 繡線。

296

297

298

299

300

Hands 手作生活064

可愛療癒的貓咪刺繡 300 款

**14 種基本技法 step by step 教學，
喵星人隨手也能繡**

國家圖書館出版品預行編目

可愛療癒的貓咪刺繡 300 款：
14 種基本技法 step by step 教學，喵星人隨手也能繡

楊孟欣、林倩誼、施樺珺、郭芊伶著；初版.
台北市：朱雀文化，2020.11
面：公分（Hands：064）
ISBN 978-986-99061-8-0（平裝）
1. 刺繡書
426.2

作　　者　楊孟欣、林倩誼、施樺珺、郭芊伶
攝　　影　林宗億、楊孟欣
美　　編　楊孟欣
編　　輯　彭文怡
校　　對　連玉瑩
企畫統籌　李橘
總 編 輯　莫少閒
出 版 者　朱雀文化事業有限公司
地　　址　台北市基隆路二段 13-1 號 3 樓
電　　話　02-2345-3868
傳　　真　02-2345-3828
劃撥帳號　19234566 朱雀文化事業有限公司
e-mail　redbook@ms26.hinet.net
網　　址　http://redbook.com.tw
總 經 銷　大和書報圖書股份有限公司 02-8990-2588
ISBN　978-986-99061-8-0
初版一刷　2020.11
定　　價　399 元
出版登記　北市業字第 1403 號